核与辐射安全培训丛书

辐射安全与防护管理手册

毛亚虹　编著

刘　华　审校

中国环境出版社·北京

图书在版编目（CIP）数据

辐射安全与防护管理手册/毛亚虹编著. —北京：中国环境出版社，2012.6

（核与辐射安全培训丛书）

ISBN 978-7-5111-1030-5

Ⅰ. ①辐… Ⅱ. ①毛… Ⅲ. ①辐射防护—安全检查—技术 Ⅳ. ①TL7

中国版本图书馆 CIP 数据核字（2012）第 112012 号

出 版 人 王新程
责任编辑 董蓓蓓
责任校对 扣志红
封面设计 彭 杉

出版发行 中国环境出版社
（100062 北京市东城区广渠门内大街 16 号）
网 址：http：//www.cesp.com.cn
电子邮箱：bjgl@cesp.com.cn
联系电话：010-67112765（编辑管理部）
发行热线：010-67125803，010-67113405（传真）

印　　刷 北京市联华印刷厂
经　　销 各地新华书店
版　　次 2014 年 9 月第 1 版
印　　次 2014 年 9 月第 1 次印刷
开　　本 880×1230　1/16
印　　张 16
字　　数 389 千字
定　　价 90.00 元

序 言

随着经济技术的发展，我国核技术利用已经涵盖了工业、农业、医药、卫生等各个方面，并渗透到了经济社会许多领域，取得了瞩目的成就。为了在促进核技术利用发展的同时保护环境和公众健康，2005 年国务院 449 号令颁布了《放射性同位素与射线装置安全和防护条例》(以下简称《条例》)，规定由国务院环境保护部门对全国放射性同位素与射线装置的安全与防护工作实施统一监管。

由于历史原因，我国核与辐射安全文化的培植起步较晚，各核技术应用单位辐射安全意识和人员素质参差不齐；环保系统的辐射安全与防护工作也起步较晚，监管队伍专业技术比较薄弱。为了适应核技术利用和辐射安全监管的发展要求，快速提高辐射工作人员和监管人员的技术水平，环境保护部（国家核安全局）自 2006 年起组织对辐射工作人员和监管人员进行了辐射安全和防护培训；同时，为使监管工作在较高起点上正常开展、规范监督、提高监督水平，组织编制了《环境保护部辐射安全与防护监督检查技术程序》(以下简称《技术程序》) 等一系列规范性文件。

自环境保护部（国家核安全局）开展辐射安全和防护培训以来，学员普遍反映通过培训在辐射防护和法规标准方面的知识确实得到了较大提高，但也反映教材内容太多又较深，重点不太突出，针对性不够强；《技术程序》自颁布实施以来，也有人反映不太理解其中的内容以及不会使用。因此，笔者针对核技术利用单位和监管工作的实际情况，将多年来培训授课的课件重新组织充实，尽量避开高深的理论，突出针对性和实用性，将医疗照射和工业照射的防护等内容放入了如何使用《技术程序》等章节，形成了这本《辐射安全与防护管理手册》(以下简称《手册》)。本书力求通俗易懂，让监管人员和核技术利用单位管理人员能在较短时间内尽快入门，掌握我国现行法规标准的主要要求。为方便使用，还附上了放射源和射线装置分类及常用核素衰变数据表等。

《手册》的主要对象是各级监管部门的监管人员和核技术利用单位的辐射安全与防护管理人员，也适用于放射工作人员。

《手册》正文从2012年7月才开始编写，虽经过反复修改，因时间过于匆忙，相信仍存在不少需要进一步完善的地方。同时，随着核技术利用事业的不断发展，还会有新的项目和新的问题陆续出现。希望各位读者多提宝贵意见。如果这本《手册》在特定的历史背景下，为推动我国核技术利用的管理起到了一点作用，作者就已备感欣慰。

毛亚虹

2012年10月于北京

目 录

第一章　辐射防护基础

1.1　辐射防护物理基础

1895 年德国物理学家伦琴发现了一种具有很强穿透能力的射线，由于当时不了解其性质，称其为 X 射线；1896 年法国学者贝可勒尔发现铀盐可放射出射线，并能使胶片感光，进一步证实了电离辐射的存在；1898 年居里夫人证实钍与铀一样具有放射性，不久又发现了同位素钋和镭。此后，核技术有了很快的进展。核技术最早被用于医学诊断和治疗。

1.1.1　电离辐射概念

辐射是一种长久以来就存在于自然界的物理现象，是指某种物质发出的粒子或波。

电离是指当具有一定能量的带电和非带电粒子与靶原子的轨道电子发生库仑及其他相互作用（其他相互作用针对非带电粒子）时，把本身的部分或全部能量传给轨道电子，如果轨道电子获得的动能足以克服原子的束缚，则逃出原子壳层而成为自由电子的过程。也指从一个原子、分子或其他束缚状态释放一个或多个电子的过程。

辐射可分为电离辐射和非电离辐射，能够引起电离的带电粒子和不带电粒子称作电离辐射，如能量大于 10 eV 的 X 射线、γ射线、中子、α射线、β射线等，电离辐射可以从原子或分子里面电离出至少一个电子。

不能引起电离的带电粒子和不带电粒子称作非电离辐射。如能量小于 10 eV 的紫外线、可见光、红外线、微波和无线电波等。

《电离辐射防护与辐射源安全基本标准》（GB 18871—2002）中给出的电离辐射的定义为：“指能在生物物质中产生离子对的辐射。”

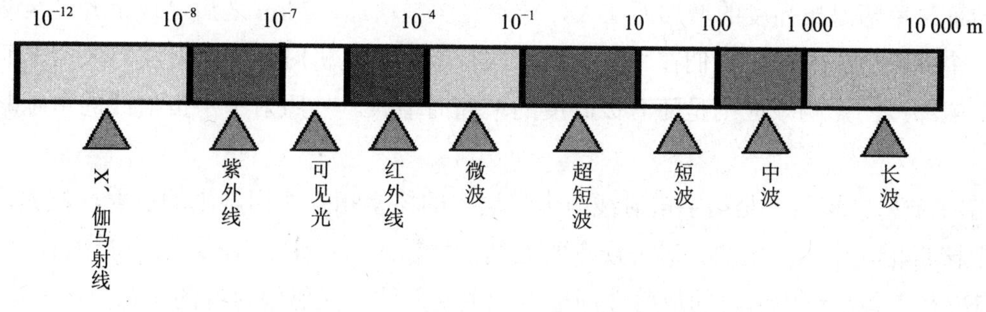

图 1.1　各种辐射能量

α射线是一种带电粒子流，由于带电，它所到之处很容易引起电离。α射线有很强的电离本领，对人体内组织破坏能力较大。由于其质量较大，穿透能力差，在空气中的射程只有几厘米，只要一张纸或健康的皮肤就能挡住。

β射线也是一种高速带电粒子，其电离本领比α射线小得多，但穿透本领比α射线大，但与X、γ射线比，β射线的射程短，很容易被铝箔、有机玻璃等材料吸收。

X射线和γ射线的性质大致相同，是不带电波长短的电磁波，因此把它们统称为光子。两者的穿透力极强。

1.1.2 电离辐射的种类

电离辐射通过各种各样的途径进入我们的生活。有的来自天然的过程，例如地球上铀系的衰变；有的来自人类活动，如医学中使用的X射线。因此，我们按照地球上辐射的来源将它们分为天然辐射和人工辐射。

（1）天然辐射

天然辐射是指来自天然辐射源的电离辐射。GB 18871 给出的天然辐射源的定义是："天然存在的辐射源，包括宇宙辐射和地球上的辐射源。"宇宙射线从外层空间来到地球，地球自身也带有放射性。天然电离辐射遍布于整个人类的生活环境中。人类全都或多或少地暴露在天然辐射之中，食物、饮料以及空气中都存在着天然放射性。对大多数人来说，天然辐射是主要的辐射来源。它主要来自：

① 宇宙射线，即从宇宙空间进入地球的高能辐射。宇宙辐射来自外层空间，是许多种辐射的混合物，包括质子、α粒子、电子以及其他各种奇特的高能粒子。所有这些高能粒子都与地球的大气层发生强烈的作用，宇宙辐射到达地面时，其主要成分变为各种介子、中子、电子、正电子和光子。

由于大气的吸收作用，到达地球表面的宇宙辐射的总量大大减少。大气的这种屏蔽作用，意味着宇宙射线粒子的注量率在不同纬度和海拔高度有所不同。海平面上的剂量率比海拔较高的地方要低。在海拔 50 km 以上，宇宙射线注量率不再随高度变化，这表明其全是初级宇宙射线。次级宇宙射线的致电离辐射成分主要是μ介子、电子、光子，中子相对较少，由于大气层强烈吸收中子，故在海平面高度，中子的剂量贡献更小，但随海拔高度的增加而上升。

宇宙射线直接致电离剂量值受很多因素的影响，其中主要是海拔高度和地磁纬度。宇宙射线产生的剂量率随海拔高度的增加而增大，开始呈缓慢增加，2 km 之后迅速上升，至 20 km 处上升到一个高峰值。所以，我们在太空、高原旅行或乘坐飞机时，宇宙射线对人类的照射不可忽视。地磁纬度的影响效应则是随海拔高度的增高而增大。外照射中宇宙射线的贡献略低于原生核素。

② 宇生放射性核素，是指宇宙射线与大气层中的核素相互作用产生的放射性核素，有的是与地表中核素相互作用产生的。对公众有明显剂量贡献的是：^{3}H、^{7}Be、^{14}C 和 ^{22}Na，其中 ^{3}H、^{14}C 和 ^{22}Na 是人体组织中所含的放射性同位素，也是人体内天然辐射源的一部分。

宇宙射线经与大气层相互作用，不仅强度发生变化，能谱也发生变化。在人类生活的地球表面，很难见到高能宇宙射线，近地表面的宇宙射线主要是其低能部分。通常情况下，与原生放射性核素产生的照射相比较，宇生放射性核素产生的照射是很小的，小于总照射的 1%。

③ 原生放射性核素，是指自有地球以来就存在于地壳中的放射性核素。据估计，地球生成已经 45 亿年，经历这么长的时间仍然存于地球上的放射性物质包括长寿命放射性核素及其衰变子体。原生放射性核素可分为两类：一类是衰变系列的核素，主要包括 ^{232}Th 系、^{238}U 系、^{235}U 系三个衰变系列；另一类是单次衰变的放射性核素，如 ^{40}K、^{87}Rb、^{138}La、^{147}Sm、^{176}Lu 等。

地壳中存在的三个级联衰变链，又称为天然放射系。它们的母体半衰期都很长，和地球年龄相当或者更长，因而经过漫长的地质年代后还能保存下来。它们的成员大多具有α放射性，少数具有β放射性，一般都伴随有γ辐射。每个放射系从母体开始，都经过至少 10 次连续衰变，最后达到稳定的铅同位素，分别是铀系（44.7 亿年）、钍系（141 亿年）、锕系（7.04 亿年），它们释放出α射线、β射线和γ射线。

这些原生放射性核素，广泛存在于地球的岩石、土壤、江河、湖海中，其活度、浓度和分布随岩石构造的类型不同而变化。花岗岩中的活度浓度最高；而土壤和岩石中所含的铀、钍、镭、钾等元素，以 ^{40}K 的活度浓度最高。

世界上个别地区，由于地表放射性物质的含量较高，其本底辐射水平明显高于正常本底地区，这类地区通常称为高本底地区。最有名的高本底地区位于印度的喀拉拉邦和巴西的大西洋沿岸，在这些地区，由地表辐射引起的空气吸收剂量率最高较正常本底地区高数十倍之多。我国广东的阳江也是高本底地区，该地区的天然辐射相当于一般地区的 4～6 倍。

（2）人工辐射

一些人类的实践活动，如科学研究、工农业生产、医学诊断与治疗等，导致了放射性物质向环境的释放，或者放射源或射线装置直接对人员的照射。我们将人类受到的来源于人类的实践活动的辐射称为人工辐射。

人工辐射主要来源于核爆与核能生产、矿物开采、核技术利用和消费品等。人工辐射源是产生职业照射的重要来源，也是控制对公众照射的重要对象。

① 核爆与核能生产。利用加速器或核裂（聚）变反应获得的各种放射性核素，如钚、镅等超铀、超钚核素，^{60}Co、^{137}Cs、^{90}Sr、^{131}I、^{140}Ba 等。核爆炸产生的人工放射性核素达 2 000 余种。

② 核技术利用。核技术利用指放射性同位素与射线装置的使用。核技术最初的应用是在医学领域，至今已有 100 年的历史。现在，核技术利用已经涵盖了工业、农业、医药、卫生等各个方面。

放射性同位素包括密封源和非密封放射性物质。GB 18871 给出的密封源的定义是：“密封在包壳里的或紧密地固结在覆盖层里并呈固体形态的放射性物质。密封源的包壳或覆盖层应具有足够的强度，使源在设计使用条件和磨损条件下，以及在预计的事件条件下，均能保持密封性能，不会有放射性物质泄漏出来。”

放射性同位素的辐射类型，大致可分为α源、β^-源、β^+源（正电子源）、γ源、韧致辐射源、中子源和放射性核素热源等。目前可以利用的放射性核素有 100 多种，制成的放射源达 1 500 多种。

根据国务院第 449 号令《放射性同位素与射线装置安全和防护条例》的规定，环境保护部发布的《放射源分类办法》根据对人类健康和环境的潜在危害程度，从高到低将放射源分为 I

类、Ⅱ类、Ⅲ类、Ⅳ类、Ⅴ类。

射线装置主要是指通电以后能产生射线的装置，如X射线机和粒子加速器。射线装置的使用，也可能导致个人辐射剂量或者公众辐射剂量的增加，因此，射线装置也属于人工辐射来源之一。

根据国务院第449号令《放射性同位素与射线装置安全和防护条例》的规定，环境保护部发布的《射线装置分类办法》根据对人类健康和环境的潜在危害程度，从高到低将射线装置分为Ⅰ类、Ⅱ类、Ⅲ类。

③ 矿物开采。有开采价值的铀矿石中天然铀的含量仅为万分之几至百分之几，矿石开采出来后，在水冶设施中加工制成重铀酸铵、三碳酸铀酰铵、八氧化三铀、二氧化铀等初级制品。铀矿开采过程中主要的辐射危险来源于：吸入氡及其子体所产生的内照射；吸入铀矿尘的内照射；来自矿石的γ射线、β射线的外照射；以及表面污染导致的辐射照射。

我国伴生矿资源丰富，典型的伴生矿有稀土矿、锆英矿、铅锌矿、铝矿、锰矿、金矿、煤矿、磷矿等，这些矿物质含有天然放射性物质。在开采、冶炼、加工和利用过程中，矿物中的天然放射性物质也将被迁移、浓集和扩散，含有天然放射性核素的产品、废弃物也将对环境造成一定程度的放射性污染，从而对环境辐射水平产生影响。

④ 消费品。消费品是含放射性物质消费品的简称。GB 18871给出的含放射性物质消费品的定义是："因功能或制造工艺需要将少量放射性物质加入其中或以密封源形式装配在内或因所采用的原材料与生产工艺而具有一定放射性活度的消费品"。消费品包括辐射发光产品（^{3}H、^{147}Pm、^{226}Ra）；用气态光源的罗盘、鱼漂、电话拨号盘等（^{3}H）；电子和电气装置（电子管、启辉器等），所用核素有Th、^{3}H、^{14}C、^{85}Kr、^{63}Ni等；静电消除器（^{210}Po、^{241}Am）；烟雾探测器（^{241}Am）；含铀或钍的制品，如汽灯纱罩、义齿（假牙）、光学玻璃透镜、玻璃器皿和陶瓷餐具、彩釉砖、搪瓷标牌、景泰蓝等；避雷针（^{241}Am）等。

表1.1 2000年世界范围天然和人工放射源所致年均个人有效剂量

放射源	剂量/mSv	照射的范围和趋势
天然放射源	2.4	典型范围为1～10 mSv，这与具体地点的环境有关，也有相当多的人口所受剂量达到10～20 mSv
大气核试验	0.005	已从最大的1963年的0.15 mSv逐渐降低，北半球相对较高，南半球相对较低
切尔诺贝利事故	0.002	已从最大的1986年的0.04 mSv（北半球的平均值）逐渐降低，事故现场附近较高
核能生产	0.000 2	随着核能计划的发展而增加，但又随着技术的完善而降低
医学检查	0.4	范围在0.04 mSv（最低健康医疗水平）和1.0 mSv（最高健康医疗水平）之间
职业照射	0.6	包括核燃料循环、辐射工业应用、国防活动、辐射医学应用、教育等的均值

1.1.3 重要的辐射物理量及其单位

（1）放射性活度

放射性活度是表征放射性核素强度特征的物理量，其物理意义是在单位时间间隔内核素的原子核发生衰变的数目。

国际制单位是贝克勒尔（Bq），1Bq =1 次衰变/s。原用单位是居里（Ci），$1\mathrm{Ci} = 3.7\times10^{10}$ Bq。

放射性活度 $A = -\mathrm{d}N/\mathrm{d}t = A_0\mathrm{e}^{-\lambda t} = A_0\mathrm{e}^{-(0.693/T_{1/2})t}$。

式中，$A_0 = \lambda N_0$ 是 t=0 时的放射性活度；λ为衰变常数，指单位时间内每个原子核的衰变概率，$\lambda = 0.693/T_{1/2}$，$T_{1/2}$ 为半衰期。

放射性活度是辐射防护中常用的量，这个量可以通过测量射线的数目来确定。

例题：一个 ^{60}Co 源，出厂时的活度为 111TBq，出厂 5 年后的活度是多少？

解：$A = A_0\mathrm{e}^{-(0.693/T_{1/2})t}$

$= 111\times\mathrm{e}^{-(0.693/5.27)\times5}$

$= 57.5$ TBq

答：出厂 5 年后的活度是 57.5 TBq。

（2）半衰期

半衰期为放射性原子核衰减到原来数目的一半所需要的时间。

不同放射性核素半衰期相差极大，最长者可达数十亿年（^{238}U 的半衰期为 45 亿年），最短的仅为纳秒级（^{133}Cs 的半衰期为 2.8×10^{-10} s）。不同放射性核素半衰期不同，发出射线的能量差别也很大。

（3）照射量

照射量是指 X 或γ射线的光子在单位质量空气中释放出的所有次级电子，当它们完全被阻止在空气中时，产生的同一种符号的离子的总电荷量。

$$X = \mathrm{d}Q/\mathrm{d}m$$

照射量用于描述 X 射线或γ射线辐射场的性质，照射量的国际单位是库仑/千克，C/kg；原用单位是伦琴，R。

$$1\ \mathrm{R} = 2.58\times10^{-4}\ \mathrm{C/kg}$$

（4）吸收剂量

吸收剂量是当电离辐射与物质相互作用时，用来表示单位质量的物质吸收辐射能量大小的物理量。其概念适用于任何电离辐射、任何物质。电离辐射向无限小体积内授予的平均能量除以该体积内物质的质量而得到的商，即：

$$D = \mathrm{d}\varepsilon/\mathrm{d}m$$

式中，dε是电离辐射授予某一体积元中物质的平均能量，而 dm 是该体积元中物质的质量。

吸收剂量的国际制单位是焦耳/千克，J/kg；专用名称是戈瑞，Gy。原来的单位是拉德，rad。

$$1\ \mathrm{Gy} = 100\ \mathrm{rad}$$

吸收剂量和照射量间存在如下关系：

$$D = fX$$

当照射量的单位用伦琴（R）表示，吸收剂量用拉德（rad）表示，对空气介质，

$$f = 0.873\ \mathrm{rad/R}$$

当照射量的单位用库仑/千克（C/kg）表示，吸收剂量用戈瑞（Gy）表示，对空气介质，

$$f = 38.8\ \mathrm{Gy/(C/kg)}$$

例题：如果用环境γ射线仪测得某处空气中的γ射线照射量率为 32 μR/h，试计算该处空气中的 γ 射线吸收剂量率。

解：$D = fX$

$= 0.873 \times 32 \times 10^{-6}$ rad/h

$= 27.9 \times 10^{-6}$ rad/h

$= 27.9 \times 10^{-8}$ Gy/h

$= 0.28$ μGy/h

答：该处空气中的γ射线吸收剂量率为 0.28 μGy/h。

（5）辐射权重因子

在放射防护中关注的是某一组织或器官的吸收剂量的平均值（而不是某一点上的剂量）。已知随机性效应的概率不仅依赖于吸收剂量，而且还依赖于产生这个剂量的辐射的种类与能量。为此目的的权重因子称为辐射权重因子。它是根据射到身体上（或当源在体内时由源发射）的辐射种类与能量确定的。

表 1.2　GB 18871—2002 中辐射权重因子 ω_R

种类与能量范围	辐射权重因子
光子，所有能量	1
电子及介子，所有能量	1
中子，能量　＜10 keV	5
10～100 keV	10
＞100 keV～2 MeV	20
＞2～20 MeV	10
＞20 MeV	5
质子，不是反冲质子，能量＞2 MeV	5
α粒子，裂变碎片，重核	20

我国现行国家标准（GB 18871—2002）使用的辐射权重因子是 ICRP（国际辐射防护委员会）1990 年报告书的值，而 ICRP 2007 年报告书推荐的辐射权重因子已有变化。

表 1.3　辐射权重因子 ω_R（ICRP 2007）

种类与能量范围	辐射权重因子
光子	1
电子及μ子	1
质子和带电 π 介子	2
α粒子，裂变碎片，重核	20
中子	作为中子能量函数的连续曲线
$En < 1$ MeV	2.5 + 18.2 exp[-（ln *En*）2/6]
1 MeV≤En≤50 MeV	5.0 + 17.0 exp[-（ln（2*En*））2/6]
$En > 50$ MeV	2.5 + 3.2 exp[-（ln（0.04 *En*））2/6]

（6）当量剂量

考虑了辐射权重因子的吸收剂量称为当量剂量。由于引入了辐射权重因子，可以获得组织或器官损伤的程度。

在组织或器官 T 中的当量剂量可表示为

$$H_T = \sum \omega_T D_{T.R}$$

式中，$D_{T.R}$ 为按组织或器官 T 平均计算的来自辐射 R 的吸收剂量，其单位为焦耳/千克（J/kg），专用名称为希沃特（Sv）。

对于 X 射线和γ射线，其辐射权重因子为 1，所以当量剂量的值与吸收剂量的值相同，而其他射线两者就不相等了。

（7）组织权重因子

随机性效应概率与当量剂量的关系还与受照组织或器官有关。对组织或器官 T 的当量剂量加权因子称为组织权重因子 ω_T，它反映在全身均匀受照下各组织或器官对发生辐射随机性效应的不同敏感性。

（8）有效剂量

有效剂量为体内所有组织与器官加权后的当量剂量之和：

$$E = \sum \omega_T H_T$$

式中，H_T 为组织或器官 T 的当量剂量；ω_T 为组织 T 的组织权重因子。有效剂量也可表示为身体各组织或器官的双重加权的吸收剂量之和，其单位为焦耳/千克（J/kg），专用名称为希沃特（Sv）。

表 1.4 组织权重因子（GB 18871—2002，ICRP 1990）

组织或器官	组织权重因子 ω_T
性 腺	0.20
红骨髓	0.12
结 肠	0.12
肺	0.12
胃	0.12
膀 胱	0.05
乳 腺	0.05
肝	0.05
食 道	0.05
甲状腺	0.01
皮 肤	0.01
骨表面	0.01
其余组织或器官	0.05

表 1.5 组织权重因子（ICRP 2007）

组织或器官	组织权重因子ω_T
骨髓、乳腺、结肠、肺、胃	0.12
膀胱、食道、睾丸、肝、甲状腺	0.05
骨表面、大脑、肾、唾液分泌腺、皮肤	0.01
其余组织	0.10

例题：职业照射人员的年有效剂量限值为 20 mSv，试计算有效剂量率的限值应是多少？

解：考虑职业工作人员每年工作 50 周，每周 5 天，每天 8 小时。则

$$E=20\times10^{-3}=\sum\omega_T H_T=\sum\omega_T\sum\omega_R D_{T.R}$$
$$=1\times1\times D\times50\times5\times8$$
$$=2\times10^3 D$$

将年有效剂量限值为 20 mSv 代入，得到

$$20=2\times10^3 D$$
$$D=10\times10^{-6}\ \text{Sv/h}=10\ \mu\text{Sv/h}$$

答：有效剂量率的限值应是 10 μSv/h。

（9）待积有效剂量

进入人体的放射性核素在一段指定时间内预期产生的总剂量，叫待积有效剂量。

$$E(\tau)=\sum W_T H_T(\tau)$$

式中，$H_T(\tau)$指积分至τ时间组织 T 的待积当量剂量；W_T指组织 T 的组织权重因子。未对τ加以规定时，对成年人取 50 年，对儿童取 70 年。

$H_T(\tau)$和$E(\tau)$专用名称和单位都为希沃特（Sv）。

（10）剂量限值

GB 18871—2002 给出的剂量限值的定义是：“受控实践使个人所受到的有效剂量或当量剂量不得超过的值。”

1.2 辐射生物效应

1896 年美国学者格鲁柏在进行研制 X 射线管的实验时，手上发生了皮炎。此后，一些研究证实长期 X 射线、γ射线过量照射可引起皮肤红斑、脱毛、皮肤溃疡、造血障碍、神经衰弱等，人们开始认识到电离辐射的损伤效应，并进行了辐射剂量单位、辐射防护和辐射损伤防治的研究。

1.2.1 电离辐射的生物效应分类

电离辐射作用于机体后，其能量传递或沉积于机体的分子、细胞、组织和器官所造成的形态和功能的后果，称为电离辐射的生物效应。

按照电离辐射生物效应显现的不同个体，分为：

躯体效应：电离辐射诱发的机体生物效应，显现于受照射者自身，发生在体细胞内，存活

时间不超过个体的寿命期限。一定要在受照射者的生存期显现出来。

遗传效应：电离辐射影响受照射者的子代，如辐射诱发的各种遗传性疾病。发生在胚胎细胞，将遗传信息传递给新的个体，使遗传信息在受照者的第一代或更晚的后代中显现出来。

按照电离辐射生物效应出现的不同时间，分为：

早期效应（也称急性效应）：照射后几天或几周内出现。

远后效应（也称晚期或慢性效应）：照射后数月或几年或更长时间才出现。

按照电离辐射生物效应产生的不同危害，分为：

随机性效应：受照后细胞的结局有三种：① 细胞死亡；② 细胞未受损伤或损伤后修复正常；③ 细胞发生变异但没有死亡，有可能形成变异了的子细胞克隆，当机体免疫监控不健全时，经过不同的潜伏期后，变异了的子细胞克隆可能发生恶性变化，产生肿瘤。GB 18871—2002 中随机性效应定义为："发生几率与剂量成正比而严重程度与剂量无关的辐射效应。一般认为，在辐射防护感兴趣的低剂量范围内，这种效应的发生不存在剂量阈值。"辐射致癌效应就是典型的随机性效应。若这种变异发生在性细胞（精子或卵子），基因突变的信息有可能传给后代，则称为遗传效应，这是另一种随机性效应。

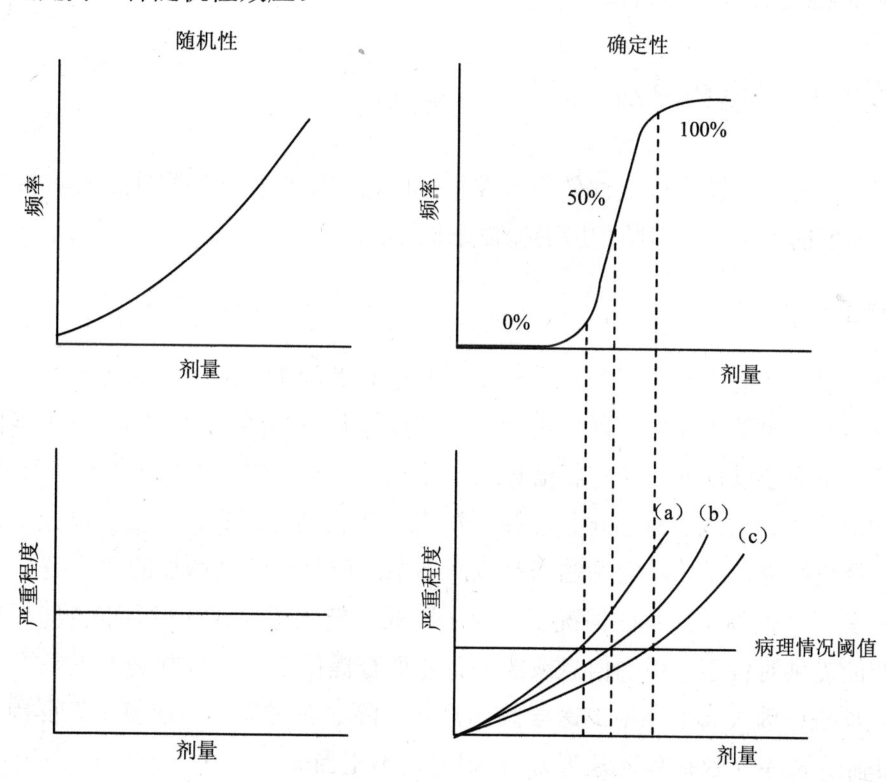

图 1.2　电离辐射生物效应与剂量的关系

确定性效应：如果机体组织或器官受到照射，有足够多的细胞被杀死或不能繁殖和发挥正常功能（细胞的丢失率＞补偿率），将会丧失器官的功能。由于组织或器官丢失了大量的细胞，临床上可查出该组织或器官的严重功能性损伤。GB 18871—2002 中确定性效应定义为："通常情况下存在剂量阈值的一种辐射效应，超过阈值时，剂量愈高则效应的严重程度愈大。"ICRP 在 103 号报告中将确定性效应称为组织反应。

1.2.2 低水平电离辐射的适应性反应

低水平电离辐射的适应性反应也称为小剂量刺激性效应。主要有以下结论：① 低剂量辐射预先作用减轻高剂量辐射所致 DNA 损伤、染色体畸变和突变；② 低剂量辐射增强免疫功能；③ 低剂量辐射降低或不增加致癌几率。

剂量限值内的照射，如职业照射、医疗诊断照射、环境污染照射及高本底照射，或一次受到较小剂量的事故或应急照射，都属于小剂量照射。

1.2.3 线性无阈假设

中、高剂量辐射对健康有害，是公认的事实。但低水平辐射对健康的影响，目前尚存不同的看法，涉及的要点是辐射致癌是否存在阈值。

无阈假说者认为，任何微小剂量的辐射均将增加致癌的危险，其基础是由高、中剂量辐射致癌的剂量效应关系外推，而无直接的放射生物学或辐射流行病学依据。目前，辐射防护的理论是建立在线性无阈假设基础上的。

1.3 辐射防护的目标和原则

辐射防护的目标是：防止确定性效应的发生；同时将随机性效应发生的几率降低到可以合理达到的尽可能低的水平。辐射防护应遵循以下原则：

1.3.1 实践的正当性

对于一项实践，只有在考虑了社会、经济和其他有关因素之后，其对受照个人或社会所带来的利益足以弥补其可能引起的辐射危害时，该实践才是正当的。对于不具有正当性的实践及该实践中的源，不应予以批准。当有新信息、新技术出现时，该活动的正当性需要重新审视。

通过添加放射性物质或通过活化使食品、饮料、化妆品、玩具、珠宝饰品或其他任何供人食入、吸入、经皮肤摄入或皮肤敷贴的商品或产品中的放射性活度增加的实践是不正当的。

在未参考受照个人临床症状的情况下，为了职业、健康保险或法律目的的需要开展的放射学检查，除非能提供对健康有用的信息或能为犯罪调查提供证据，否则是不正当的。

对无征候群进行涉及辐射照射的医学筛选检查。除非对受检个体或整个人群预期的利益足以弥补经济和社会成本（包括辐射危害），否则也是不正当的。

1.3.2 防护的最优化

对于来自一项实践中的任一特定源的照射，应使辐射防护最优化，使得在考虑了经济和社会因素之后，个人受照剂量的大小、受照射的人数以及受照射的可能性均保持在可合理达到的尽量低水平；这种最优化应以该源所致个人剂量和潜在照射危险分别低于剂量约束和潜在照射危险约束为前提条件（治疗性医疗照射除外）。

防护与安全最优化的过程，可以从直观的定性分析一直到使用辅助决策技术的定量分析，但均应以某种适当的方法将一切有关因素加以考虑，以实现下列目标：① 相对于主导情况确定出最优化的防护与安全措施，确定这些措施时应考虑可供利用的防护与安全选择以及照射的性质、大小和可能性；② 根据最优化的结果制定相应的准则，据以采取预防事故和减轻事故后果的措施，从而限制照射的大小及受照的可能性。

防护的优化并非剂量的最小化，最佳的选择未必是剂量最低的选择。

在辐射防护最优化分析中，引入了剂量约束和潜在照射危险约束概念。

剂量约束是源相关的个人剂量值，用于在最优化过程中限制所考虑的备选方案的范围。剂量约束在最优化过程中应作为可以接受的个人剂量的上限值，即个人防护必须达到的最低要求。

除了医疗照射之外，对于一项实践中的任一特定的源，其剂量约束和潜在照射危险约束应不大于审管部门对这类源规定或认可的值，并不大于可能导致超过剂量限值和潜在照射危险限值的值。

对任何可能向环境释放放射性物质的源，剂量约束还应确保对该源历年释放的累积效应加以限制，使得在考虑了所有其他有关实践和源可能造成的释放累积和照射之后，任何公众成员（包括其后代）在任何一年里所受到的有效剂量均不超过相应的剂量限值。

1.3.3　剂量限值

1.3.3.1　GB 18871—2002 规定的基本限值

（1）职业照射限值

按照《电离辐射防护与辐射源安全基本标准》（GB 18871—2002），应对任何工作人员的职业照射水平进行控制，使之不超过下述限值：

1）由审管部门决定的连续 5 年的年平均有效剂量（但不可作任何追溯性平均），20 mSv；其中，任何一年中的有效剂量，50 mSv；

2）眼晶体的年当量剂量，150 mSv；

3）四肢（手和足）或皮肤的年当量剂量，500 mSv。

对于年龄为 16～18 岁接受涉及辐射照射就业培训的徒工和年龄为 16～18 岁在学习过程中需要使用放射源的学生，应控制其职业照射使之不超过下述限值：

1）年有效剂量，6 mSv；

2）眼晶体的年当量剂量，50 mSv；

3）四肢（手和足）或皮肤的年当量剂量，150 mSv。

应当强调的是，基本标准所规定的剂量限值适用于实践所引起的照射，不适用于医疗照射，也不适用于无任何主要责任方负责的天然源的照射。

剂量限值不是安全与危险的界限，而是在考虑了技术、社会、经济等因素后，可以做到的最低限度，即可接受的上限。

（2）公众照射限值

公众中有关关键人群组的成员所受到的平均剂量估计值不应超过下述限值：

1）年有效剂量，1 mSv；

2）特殊情况下，如果 5 个连续年的年平均剂量不超过 1 mSv，则某一单一年份的有效剂量可提高到 5 mSv；

3）眼晶体的年当量剂量，15 mSv；

4）皮肤的年当量剂量，50 mSv。

（3）遵守剂量限值情况的确认

为确认是否遵守剂量限值，应利用规定期间内贯穿辐射所致外照射个人剂量当量与同一期间内摄入的放射性物质所致的待积当量剂量或待积有效剂量的和。

应采用下列方法之一来确定是否符合有效剂量的剂量限值要求：

1）将总有效剂量与相应的剂量限值进行比较。这里，总有效剂量 E_T 按下式计算：

$$E_{\mathrm{T}} = H_{\mathrm{p}}(d) + \sum_j e(g)_{j,\mathrm{ing}} I_{j,\mathrm{ing}} + \sum_j e(g)_{j,\mathrm{inh}} I_{j,\mathrm{inh}}$$

式中，H_p（d）是该年内贯穿辐射照射所致的个人剂量当量；e（g）$_{j,\mathrm{ing}}$ 和 e（g）$_{j,\mathrm{inh}}$ 分别是同一期间内 g 年龄组食入和吸入单位摄入量放射性核素 j 后的待积有效剂量；$I_{j,\mathrm{ing}}$ 和 $I_{j,\mathrm{inh}}$ 分别是同一期间内食入或吸入放射性核素 j 的量。

2）检验是否满足下列条件：

$$\frac{H_{\mathrm{p}}}{\mathrm{DL}} + \sum_j \frac{I_{j,\mathrm{ing}}}{I_{j,\mathrm{ing,L}}} + \sum_j \frac{I_{j,\mathrm{inh}}}{I_{j,\mathrm{inh,L}}} \leqslant 1$$

式中，DL 是相应的有效剂量的年剂量限值；$I_{j,\mathrm{ing.L}}$ 和 $I_{j,\mathrm{inh.L}}$ 分别是食入或吸入放射性核素 j 的年摄入量限值（ALI）。

3）通过任何其他认可的方法。

利用下列关系式，可以由相应的单位摄入量的待积有效剂量的值得到放射性核素 j 的年摄入量限值 $I_{j,\mathrm{L}}$：

$$I_{j,\mathrm{L}} = \frac{\mathrm{DL}}{e_j}$$

式中，DL 是相应的有效剂量的年剂量限值；e_j 是我国国家标准 GB 18871—2002 中表 B3、表 B6 和表 B7 给出的放射性核素 j 的单位摄入量所致的待积有效剂量的相应值。

1.3.3.2 导出限值

在实际工作中，可以针对辐射监测中测量的任一个量（如工作场所的空气放射性浓度、表面污染和环境污染、当量剂量率等），根据基本限值，通过一定的计算模式导出一个供辐射防护监测结果比较有用的限值，这种限值称为导出限值。如导出空气浓度（DAC）就是工作场所空气中放射性浓度限值。

例题：假设参考人呼吸率为 0.02 $\mathrm{m^3/min}$，年工作 50 周，每周工作 40 h，试计算导出空气浓度。

解：由题意，年呼入空气量为：

$0.02\ \mathrm{m^3/min} \times 50 \times 40 \times 60\ \mathrm{min} = 2.4 \times 10^3\ \mathrm{m^3}$，则有导出空气浓度

$$\mathrm{DAC} = \mathrm{ALI}/(2.4 \times 10^3)(\mathrm{Bq/m^3})$$

只要从 GB 18871—2002 中查到放射性核素 j 的年摄入量限值（ALI），由上式就可得到该放

射性核素的导出空气浓度。

导出限值的另一个例子是表面污染控制水平。工作场所的表面污染控制水平如表 1.6 所示。

表 1.6　工作场所的放射性表面污染控制水平　　单位：Bq/cm^2

表面类型		α放射性物质		β放射性物质
		极毒性	其他	
工作台、设备、墙壁、地面	控制区*	4	4×10^{1}	4×10^{1}
	监督区	4×10^{-1}	4	4
工作服、手套、工作鞋	控制区 监督区	4×10^{-1}	4×10^{-1}	4
手、皮肤、内衣、工作袜		4×10^{-2}	4×10^{-2}	4×10^{-1}

注：* 该区内的高污染子区除外。

应用表 1.6 时应注意：

1）表中所列数值指表面上固定污染和松散污染的总数。

2）手、皮肤、内衣、工作袜污染时，应及时清洗，尽可能清洗到本底水平。其他表面污染水平超过表中所列数值时，应采取去污措施。

3）设备、墙壁、地面经采取适当的去污措施后，仍超过表中所列数值的，可视为固定污染，经审管部门或审管部门授权的部门检查同意后，可适当放宽控制水平，但不得超过表中所列数值的 5 倍。

4）β粒子最大能量小于 0.3MeV 的β放射性物质的表面污染控制水平，可为表中所列数值的 5 倍。

5）^{227}Ac、^{210}Pb、^{228}Ra 等β放射性物质，按α放射性物质的表面污染控制水平执行。

6）氚和氚化水的表面污染控制水平，可为表中所列数值的 10 倍。

7)表面污染水平可按一定面积上的平均值计算：皮肤和工作服取 100 cm^2，地面取 1 000 cm^2。

1.4　外照射防护基本措施

外照射防护的基本原则是：尽量减少或避免射线从外部对人体的照射。

外照射防护的基本措施有：时间防护、距离防护、屏蔽防护。

1.4.1　时间防护

由于累积剂量与受照时间成正比，所以操作外照射源时，应充分准备，尽量减少受照时间。也可以将任务分解成多人，以减少个人所受剂量。

1.4.2　距离防护

在辐射源为点源的情况下，剂量率与距离的平方成反比，所以，应尽量远距离操作。对任何形状的辐射源，当考察点与源的距离比辐射源本身的最大尺寸大 5 倍以上时，可将该辐射源视为点源，由此而带入的误差在 5%以内。

1.4.3 屏蔽防护

屏蔽防护就是根据辐射通过物质时被减弱的原理，在人与辐射源之间加一层足够厚的屏蔽物，把外照射剂量减少到允许水平以下。实际工作中要根据辐射源的类型、射线能量、活度，选择适当的材料和相应的厚度进行屏蔽。

（1）X 射线和γ射线的屏蔽

铅对 250 keV 以下的低能 X 射线吸收能力强，但产生的散射线量也较大，在实际应用中，为减少散射线强度，可采用铅、铝复合材料。

铅对 250 keV 以上的高能 X 射线和γ射线，其防护性能相对降低，特别是在 1 MeV 至几 MeV 的能区内，铅对 X 射线和γ射线减弱能力最差。至今仍有部分单位用铅板贴敷在 X 线机房或 CT 机房内墙壁上做防护材料，不但造价高而且机房内的反向散射线增多，并增加了铅对环境的污染，是不科学的。

混凝土成本低廉，有良好的结构性能，在工程中多用作固定的防护屏障，用在辐射防护建筑上，既可防 X 射线、γ 射线，也可以防中子，是最常用的墙体防护材料。

对低能量 X 射线，砖的散射量较低，是屏蔽防护的良好材料。在医用诊断 X 射线范围内，一块（厚 24 cm）实心砖就足以防护，但在施工中应使砖缝内的灰浆饱满，不留空隙。

（2）β射线屏蔽

屏蔽β射线应选用低原子序数的材料以减少韧致辐射，外面再用高原子序数的材料屏蔽韧致辐射和其他光子。屏蔽β射线的低原子序数常用材料有铝、有机玻璃、普通玻璃、塑料等，而屏蔽韧致辐射的材料与屏蔽 X 射线和γ射线的材料相同。

（3）中子屏蔽

对中子的屏蔽分为慢化和吸收两步，设计屏蔽层时必须用含氢较多的物质（如水、石蜡、聚乙烯等）将中子慢化，然后用吸收截面大的物质将其吸收。最合适的吸收物质是锂和硼。它们不但对中子的吸收截面大，而且俘获中子后放出的γ射线很少，几乎可以忽略。铟和镉对中子的吸收截面也很大，但会产生较强的γ射线。常将硼和石蜡均匀混合作为中子屏蔽材料，也可以用水或石蜡单独屏蔽。混凝土内含有相当数量的氢，对中子和γ射线而言都是很好的屏蔽材料。

1.5 非密封放射性物质工作场所的主要危害因素

（1）外照射

非密封放射性物质工作场所的外照射来源很多，如放射性物质原料、分装或淋洗剩下的原液、分装后的样品、废物等。使用或者操作非密封放射性物质时，直接用手或近距离接触放射性物质的机会很多，无论操作的是γ射线源还是β射线源或者低能 X 射线源，均应特别注意皮肤和手部的防护。

（2）表面污染

由于操作放射性物质的工作不全是在密封系统内进行的，因而工作中可能会出现泼洒、溢出、蒸发等；人员从污染区出来也会使污染扩大。表面污染如果不能及时发现，也会对人员产生外照射和内照射危害。

（3）空气污染

非密封放射性物质工作场所的空气污染是造成工作人员内照射的主要途径。设备、墙壁、地板等表面的放射性表面污染，由于环境空气流动及某些放射性核素特有的“挥发”本领，会使这些放射性物质形成气溶胶悬浮于空气中。此外，使用的放射性物质的自然挥发、加热蒸发，压力液体的喷雾、粉末状放射性物质随空气流的扬起等都会引起工作场所的空气污染。

1.6 内照射防护基本措施

1.6.1 放射性核素进入体内的途径

（1）吸入

放射性气体、液体或固体微粒都可以通过污染空气经呼吸道吸入体内。被吸入体内的含有放射性的液体或固体，在空气中均以气溶胶形式存在。

（2）食入

工作人员或公众食入放射性物质（入口的器具或入口的食品被放射性物质污染），一般只发生在一个短时间内。但当环境介质受到放射性物质污染时，则有导致较长时间食入放射性物质的可能。

（3）皮肤和伤口

完好的皮肤提供了一个有效地防止大部分放射性物质进入体内的天然屏障。但是也有两个具有实际意义的例外，这就是蒸汽态或液态的氧化氚和碘蒸气、碘溶液或碘化合物溶液，它们能通过完好皮肤被吸收。

当皮肤破裂、刺伤或擦伤时，放射性物质可能透入皮下组织，然后被吸收进入体液。

1.6.2 内照射防护的一般措施

（1）包容

指在操作过程中，将放射性物质密闭起来，如采用通风橱、手套箱等。在操作强放射性物质时，应在密闭的热室内用机械手操作。对于工作人员，可用工作服、鞋、帽、口罩、手套、围裙、气衣等方法，将操作人员围封起来，以防止放射性物质进入体内。

（2）隔离

即分隔，指根据放射性核素的毒性大小、操作量多少和操作方式等，将工作场所进行分级、分区管理。

（3）净化

指采用吸附、过滤、除尘、凝聚沉淀、离子交换、蒸发、贮存衰变、去污等方法，尽量降低空气、水中放射性物质浓度、降低物体表面放射性污染水平。

空气净化就是根据空气被污染的性质不同，分别可以选用吸附、过滤、除尘等方法降低空气中放射性气体、气溶胶和放射性粉尘的浓度。再如放射性废水在排放前应根据污水性质和污水中放射性核素的特点，选用凝聚沉淀、离子交换、贮存衰变等方法进行净化处理，以降低废水中放射性物质的浓度。

（4）稀释

指在合理控制下利用干净的空气或水使空气或水中的放射性浓度降低到控制水平以下。

在污染控制中，包容、隔离、净化是主要的，稀释是次要的。

1.6.3 放射性核素毒性分组

放射性核素的毒性分组是根据操作该放射性核素时可能造成的空气污染和对操作人员的危害程度，用核素在工作场所中的导出空气浓度来确定的。从高到低分别为：极毒组、高毒组、中毒组、低毒组。具体核素分组请查阅《电离辐射防护与辐射源安全基本标准》（GB 18871—2002）。

选择非密封工作场所使用的放射性物质时，在满足应用所需的技术要求后，应尽量选毒性低、半衰期短、有效能量低和摄入后不易被人体组织吸收等的放射性物质。所用放射性活度要尽量小。要尽量选用稳定的化学状态，少用气体、粉末和挥发性强的物质。

1.7 辐射工作场所

1.7.1 工作场所分区

按照辐射工作场所需要和可能需要的防护条件和安全措施的不同，将其分为控制区和监督区，其目的在于：便于进行辐射防护管理和职业照射的控制，预防潜在照射或限制潜在照射的范围，防止可能的污染扩散。

控制区：可能要求采取专门的防护手段和安全措施以便控制正常照射或防止污染扩展，并防止潜在照射或限制其程度。

监督区：未被确定为控制区，通常不需要采取专门防护手段和安全措施但要不断检查其职业照射条件。

以核医学科为例，通常的控制区有：可能用于制备、分装放射性核素和药物的操作室，放射性药物给药室，放射性核素治疗病房（特别是床位区）、放射性制剂贮存区和放射性废物贮存区。通常的监督区有：制剂标记室、显像检查室、诊断病人的床位区及用药后病人候诊区。

1.7.2 非密封放射性物质工作场所分级

非密封放射性物质放射性核素操作量大小不同的工作场所，所需要的防护条件和安全措施不同，我国《电离辐射防护和辐射源安全基本标准》（GB 18871—2002）将非密封放射性物质工作场所分为甲、乙、丙三级。

环境保护部发布的《放射源分类办法》规定：“甲级非密封源工作场所的安全管理参照Ⅰ类放射源。乙级和丙级非密封源工作场所的安全管理参照Ⅱ、Ⅲ类放射源。”

表 1.7 非密封源工作场所的分级

级别	日等效最大操作量/Bq
甲	$>4\times10^{9}$
乙	$2\times10^{7}\sim4\times10^{9}$
丙	豁免活度值以上$\sim2\times10^{7}$

放射性核素的日等效最大操作量等于放射性核素的实际日最大操作量（Bq）与该核素毒性组别修正因子的积除以操作方式与放射源状态修正因子所得的商。表 1.8 和表 1.9 分别列出了放射性核素毒性组别修正因子和操作方式与放射源状态修正因子的值。

表 1.8 放射性核素毒性组别修正因子

毒性组别	极毒	高毒	中毒	低毒
毒性组别修正因子	10	1	0.1	0.01

表 1.9 操作方式与放射源状态修正因子

操作方式	放射源状态			
	表面污染水平较低的固体	液体、溶液、悬浮液	表面有污染的固体	气体、蒸汽、粉末、压力很高的液体、固体
源的贮存	1 000	100	10	1
很简单的操作	100	10	1	0.1
简单操作	10	1	0.1	0.01
特别危险的操作	1	0.1	0.01	0.001

各种操作方式举例如下：

1）贮存：把盛装在容器内的放射性溶液、样品和废液等密封后存放于工作场所的通风橱、手套箱、样品架、工作台和专用贮存柜内等属贮存操作。这类操作的潜在危害最小。

2）很简单的操作：少量稀溶液的合并、分装或稀释，污染不严重的器皿和工具等的洗涤等。这类操作会有少量的放射性物质散布开来，主要是防止撒漏。

3）简单的操作：例如溶液的取样、转移、沉淀、过滤或离心分离，萃取或反萃取，离子交换，色层分离，吸移或滴定放射性溶液等。这类操作可能会有较多放射性物质散布开来，除了产生表面污染，还会产生空气污染。

4）特别危险的操作：例如对放射性溶液加热蒸馏或蒸发，热烤烘干，强放溶液的取样或转移，放射性粉末料样的称重、溶解、干沉淀物的收集与转移等。操作过程中会产生少量气体或气溶胶。更危险的操作还有干式操作和发尘操作，例如破碎研磨样品，粉末物质剧烈混合或包装等。这类操作，不发生意外时，不一定有较多的放射性物质散布开来，但发生事故的潜在危险较大，后果严重。

例题：某非密封放射性物质操作实验室，每天用于标记的 ^{125}I 和 ^{99m}Tc 的最大用量分别为 7.4×10^{7}Bq 和 3.7×10^{9}Bq，标记体系为液体，属于简单操作。问该实验室的日等效最大操作量是多少？属于哪级非密封放射性物质工作场所？

解：^{125}I 和 ^{99m}Tc 分别属于中毒组和低毒组核素，毒性修正因子分别为 0.1 和 0.01，操作方式修正因子均为 1。因此，

$$日等效最大操作量=\frac{7.4\times10^{7}\times0.1}{1}+\frac{3.7\times10^{9}\times0.01}{1}=4.4\times10^{7}\ \text{Bq}$$

答：该实验室的日等效最大操作量是 4.4×10^{7} Bq，属于乙级场所。

1.7.3 工作场所布局

一般来说，甲级场所应设置在单独的建筑物内。乙级场所可设置在一般建筑物内，但应集中在一层或一端，与非放射性工作场所隔开，并有单独的出入口，以避免与放射性工作无关的人员任意出入而受到不必要的照射或扩大污染范围。

布局的基本原则是放射性与非放射性工作场所严格分开，不同放射性操作或污染水平的工作场所严格分开。各区的布局原则上应当从放射性危险大的区域逐步过渡到危险低的区域，不应有交叉。假如不能按顺序过渡，则应采取措施（如设置出口限制，须通过污染监测证明无污染才能出去）或设置隔离区，以防止人员流动引起交叉污染。

建筑物的结构材料，除考虑一般的结构特性外，还应具有较好的耐辐照、耐火性能，对贯穿性辐射，还应具有较好的辐射屏蔽性能。对于操作过程中会产生较多放射性气体、气溶胶或粉尘的场所，其墙壁、地面、天棚、工作台表面等应铺设不易污染、耐化学腐蚀、容易去污的材料。

人员进入工作场所时，只能从低活度区走向高活度区，出来时相反。为了防止交叉污染，控制区到监督区的边界应有表面污染的检测和去污手段，设有更衣间或卫生设施（乙级以上场所）。

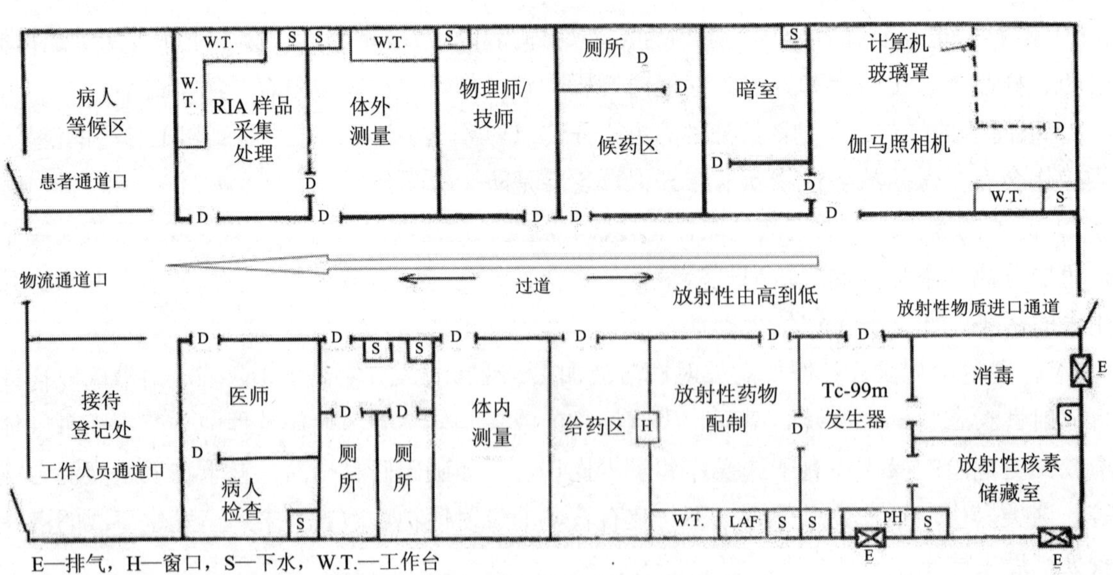

图 1.3 典型的临床核医学科的平面布局

1.7.4　工作场所通风

通风量的大小，应能确保每个房间有足够的换气次数，以保证工作场所空气中，放射性物质浓度低于允许水平。为了防止气流倒灌，从每个区域到邻近的较高危险级别的区域，都应该有一个恒定的压差。通风的流向也应该从低放射性水平向高放射性水平排序。排放到环境大气中的气体，都应当经过高效过滤器过滤。甲级工作场所一般经过二级过滤，一级在工作箱（热室）的气体排出口，二级在集中通风处的风机前。当一个场所内有两套以上通风系统时，这些系统应该相互联锁，以防止工作箱内的高污染废气倒灌到低污染区。

第二章 辐射安全责任

2.1 核技术利用单位的责任

我国自 20 世纪 50 年代就开始对辐射安全进行国家监管，1989 年国务院颁布了《放射性同位素与射线装置放射防护条例》，由于法律责任不明确，在近 50 年的核技术应用过程中，企业法律责任非常淡薄，很多核技术利用单位对安全责任的认识不清。

2003 年，我国颁布实施了第一部核与辐射安全管理法律——《中华人民共和国放射性污染防治法》（以下简称《放污法》）；2005 年，国务院颁布了修订的《放射性同位素与射线装置安全和防护条例》）（国务院令第 449 号），对核技术利用企业的安全责任做出了明确和具体的要求：核技术利用单位负责本单位放射性污染的防治，接受环境保护行政主管部门和其他有关部门的监督管理，并依法对其造成的放射性污染承担责任。国际原子能机构（IAEA）的基本安全原则（SF-1，2006）也明确指出：安全责任在核技术利用单位。

因此，核技术利用单位应对本单位放射性污染的预防和治理负责。承担 GB 18871—2002 中提到的“注册者和许可证持有者”的责任。如果有环境污染，核技术利用单位要负责环境污染的治理和恢复；如果有人员受到异常照射，要负责对受照人员进行救治。从预防的角度，核技术利用单位需要承担如下责任：

1）必须采取安全与防护措施，预防发生可能导致放射性污染的各类事故，避免放射性污染危害（《放污法》第十三条）。

2）应当对其工作人员进行放射性安全教育、培训，采取有效的防护安全措施（《放污法》第十四条）。

3）应当严格按照国家关于个人剂量监测和健康管理的规定，对直接从事生产、销售、使用活动的工作人员进行个人剂量监测和职业健康检查，建立个人剂量档案和职业健康监护档案（国务院令第 449 号第二十九条）。

4）应当按照国家环境监测规范，对相关场所进行辐射监测，并对监测数据的真实性、可靠性负责；不具备自行监测能力的，可以委托经省级人民政府环境保护主管部门认定的环境监测机构进行监测（环保部令第 18 号）。

5）应当加强对本单位放射性同位素与射线装置安全和防护状况的日常检查。发现安全隐患的，应当立即整改；安全隐患有可能威胁到人员安全或者有可能造成环境污染的，应当立即停止辐射作业并报告发放辐射安全许可证的环境保护主管部门（以下简称“发证机关”），经发证机关检查核实安全隐患消除后，方可恢复正常作业（环保部令第 18 号第十一条）。

6）在依法被撤销、依法解散、依法破产或者因其他原因终止前，应当确保环境辐射安全，妥善实施辐射工作场所或者设备的退役，并承担退役完成前所有的安全责任（环保部令第 18 号第十六条）。

7）应当对本单位的放射性同位素、射线装置的安全和防护状况进行年度评估。发现安全隐患的，应当立即进行整改（国务院令第 449 号第三十条）。

8）运输放射性物质和含放射源的射线装置，应当采取有效措施，防止放射性污染（《放污法》第十五条）。

9）应当根据可能发生的辐射事故的风险，制定本单位的应急方案，做好应急准备。（国务院令第 449 号第四十一条）

10）发生辐射事故或者运行故障的单位，应当按照应急预案的要求，制定事故或者故障处置实施方案，并在当地人民政府和辐射安全许可证发证机关的监督、指导下实施具体处置工作。

辐射事故和运行故障处置过程中的安全责任，以及由事故、故障导致的应急处置费用，由发生辐射事故或者运行故障的单位承担（环保部令第 18 号第四十八条）。

2.2 监管部门的责任

《放污法》第四十八条规定：放射性污染防治监督管理人员违反法律规定，利用职务上的便利收受他人财物、谋取其他利益，或者玩忽职守，有下列行为之一的，依法给予行政处分；构成犯罪的，依法追究刑事责任：

1）对不符合法定条件的单位颁发许可证和办理批准文件的；

2）不依法履行监督管理职责的；

3）发现违法行为不予查处的。

第三章　辐射安全与防护管理

3.1　监管范围

根据《放污法》的规定，为了促进放射性同位素、射线装置的安全应用以及保障人体健康，保护环境，加强放射性同位素、射线装置安全和防护的监督管理，2005 年国务院发布了《放射性同位素与射线装置安全与防护条例》（国务院令第 449 号）。2006 年，原国家环保总局颁布了《放射性同位素与射线装置安全许可管理办法》（以下简称 31 号令），2010 年环境保护部颁布了《放射性同位素与射线装置安全和防护管理办法》（以下简称 18 号令）。

按照《放射性同位素与射线装置安全和防护条例》的规定，国务院环境保护主管部门对全国放射性同位素、射线装置的安全和防护工作实施统一监督管理。从管理层面上，所有在中华人民共和国境内生产、销售、使用放射性同位素和射线装置，以及转让、进出口放射性同位素的，除非该种实践已被《电离辐射防护与辐射源安全基本标准》（GB 18871，以下简称《基本标准》）排除、豁免或解控，都要按国务院令第 449 号的要求接受环保部门的监管。在这个范围内环保部门即为 GB 18871 提到的审管部门。

从具体技术层面，管理范围涉及电离辐射的四大实践行动：引入、实施、中断、停止；20 多种具体活动，例如：

生产制造，包括有关放射性物质的开采、选冶、处理，各种辐射源的设计、制造、建造、装配；

销售流通，包括各种放射性物质和射线装置等辐射源的采购、进口、出口、销售、出卖、出借、租赁；

安装使用，包括各种辐射源的接受、设置、定位、调试、持有、使用、操作、维护、修理；

用后处理，包括各种辐射源的转移、退役、解体、运输、贮存、处置。

3.2　排除、豁免和清洁解控

根据 GB 18871，上述活动中有些放射性同位素和射线装置的辐射水平较低，不值得审管部门关心或不可能合理控制，则不纳入辐射安全监管体系管理。

3.2.1　排除（不可能合理控制的）

《基本标准》规定：“任何本质上不能通过实施本标准的要求对照射的大小和可能性进行控

制的照射情况，如人体内的 ^{40}K，到达地球表面的宇宙射线所引起的照射，均不适用本标准，即应被排除在本标准的适用范围之外”。

3.2.2 豁免（控制是不合理的）

对个人的危险很小，没有理由值得审管部门关心。对有些源的控制从技术上是可行的，但从最优化原则考虑则是不合理的，这些源就应属于豁免的范围。

（1）豁免准则

如果审管部门确认某项实践是正当的，并确认该实践中的源满足《基本标准》所规定的豁免准则或豁免水平，或满足审管部门根据这些豁免准则所规定的其他豁免水平，则该实践和该实践中的源可以豁免于放射性管理，只作为普通物品管理。

环境保护部发布的《放射源分类办法》规定：“V 类源的下限活度值为该种核素的豁免活度。”

豁免的一般准则是：

1）被豁免实践或源对个人造成的辐射危险足够低，以至于再对它们加以管理是不必要的；

2）被豁免实践或源所引起的群体辐射危险足够低，在通常情况下再对它们进行管理控制是不值得的；

3）被豁免的实践和源具有固有安全性，能确保上述准则始终得到满足。

如果经审管部门确认在任何实际可能的情况下下列准则均能满足，则可不作更进一步的考虑而将实践或实践中的源予以豁免：

1）被豁免实践或源使任何公众成员一年内所受的有效剂量预计为 10 μSv 量级或更小；

2）实施该实践一年内所引起的集体有效剂量不大于 1 人·Sv，或防护的最优化评价表明豁免是最优选择。

（2）可豁免的源与豁免水平

根据上述准则，下列各种实践中的源经审管部门认可后可被豁免：

1）符合下列条件并具有审管部门认可的型式的辐射发生器和符合下列条件的电子管件（如显像用阴极射线管）：① 正常运行操作条件下，在距设备的任何可达表面 0.1 m 处所引起的周围剂量当量率或定向剂量当量率不超过 1 μSv/h；或② 所产生辐射的最大能量不大于 5 keV。

2）任何时间段内在进行实践的场所存在的给定核素的总活度或在实践中使用的给定核素的活度浓度不超过《基本标准》所给出的或审管部门所规定的豁免水平。

这里需要特别指出的是：《基本标准》给出的放射性核素的豁免活度浓度和豁免活度，是根据某些可能还不足以可无限制使用的照射情景和模式、参数推导得出的，仅可作为申报豁免的基础。

这些豁免水平原则上只适用于在组织良好、人员训练有素的工作场所对少量放射性物质和源的工业应用及实验室或医学应用，例如，利用小的密封点源校准仪器，将小量非密封放射性溶液装进容器、工业示踪、一瓶低活度气体的医用等。

考虑豁免时，审管部门应根据实际情况逐例审查，某些情况下，也可以要求采用更为严格的豁免水平。

如果存在一种以上的放射性核素，仅当各种放射性核素的活度或活度浓度与其相应的豁免活度或豁免活度浓度之比的和小于 1 时，才可能考虑给予豁免；

（3）有条件地豁免

对于符合下列条件的内装高于《基本标准》豁免水平的放射性物质的设备，可以有条件地豁免；

1）具有审管部门认可的型式；

2）其放射性物质呈密封源形式，能有效地防止与放射源的任何接触或能有效地防止放射性物质的泄漏；

3）正常运行操作条件下，在距设备的任何可达表面 0.1 m 处所引起的周围剂量当量率或定向剂量当量率不超过 1 μSv/h；

4）审管部门已明确规定了处置时必须满足的条件。

（4）应用豁免的注意事项

1）如果存在一种以上的放射性核素，仅当各种放射性核素的活度或活度浓度与其相应的豁免活度或豁免活度浓度之比的和小于 1 时，才可能考虑给予豁免；即应当满足下列公式：

$$\sum_{i}^{n}\frac{C_i}{C_{iE}}\leqslant 1$$

式中，C_i 为第 i 种核素的活度或活度浓度；C_{iE} 为第 i 种核素的豁免活度或豁免活度浓度。

2）严禁为申报豁免而采用人工稀释等方法来降低放射性活度浓度；

3）被豁免的实践应具有固有的安全性，受照剂量受到工作量等外来因素的影响小；

4）有些单位生产或销售（贮存）的单个产品在豁免范围内，但是总的操作量超过豁免水平，应当按放射工作单位进行管理。所以，一般只对用户豁免，生产和销售不能豁免。

（5）豁免管理

按照环境保护部令第 18 号，我国目前对豁免实行的是两级管理。对于含放射源设备的有条件豁免，由环境保护部办理；其他由省级以上环境保护部门办理。

1）需由省级以上环境保护部门出具备案证明文件

省级以上人民政府环境保护主管部门依据《基本标准》及国家有关规定，作为 GB 18871 中的审管部门，负责对射线装置、放射源或者非密封放射性物质管理的豁免出具备案证明文件。

已经取得辐射安全许可证的单位，使用低于《基本标准》规定豁免水平的射线装置、放射源或者少量非密封放射性物质的，因为在许可证审批时，已对其人员资质、辐射安全与防护等进行了审查，原则上认为满足《基本标准》要求的“在组织良好、人员训练有素的工作场所对小量放射性物质和源的使用”，因此，用户只要提交其使用的射线装置、放射源或者非密封放射性物质辐射水平低于《基本标准》豁免水平的证明材料，经所在地省级人民政府环境保护主管部门备案后，可以被豁免管理。

未取得辐射安全许可证，使用低于《基本标准》规定豁免水平的射线装置、放射源以及非密封放射性物质的；由于无法判断是否满足《基本标准》要求的“在组织良好、人员训练有素的工作场所对小量放射性物质和源的使用”的；已取得辐射安全许可证，使用较大批量低于《基本标准》规定豁免水平的非密封放射性物质的。除提交其使用的射线装置、放射源或者非密封放射性物质辐射水平低于《基本标准》豁免水平的证明材料外，还应当提交射线装置、放射源或者非密封放射性物质的使用量、使用条件、操作方式以及防护管理措施等情况的证明，报请所在地省级人民政府环境保护主管部门备案后，可以被豁免管理。

2）需由环境保护部出具备案证明文件

对装有超过《基本标准》规定豁免水平放射源的设备，经检测符合《基本标准》确定的有条件豁免的辐射水平的，提交如下资料，设备的生产或者进口单位向环境保护部报请备案后，该设备和相关转让、使用活动可以被豁免管理：① 辐射安全分析报告，包括活动正当性分析，放射源在设备中的结构，放射源的核素名称、活度、加工工艺和处置方式，对公众和环境的潜在辐射影响，以及可能的用户等内容；② 有相应资质的单位出具的证明设备符合《基本标准》有条件豁免要求的辐射水平检测报告。

3）豁免效力

省级人民政府环境保护主管部门应当将其出具的豁免备案证明文件，报环境保护部。

环境保护部对已获得豁免备案证明文件的活动或者活动中的射线装置、放射源或者非密封放射性物质定期公告。

经环境保护部公告的活动或者活动中的射线装置、放射源或者非密封放射性物质，在全国有效，可以不再逐一办理豁免备案证明文件。

3.2.3　解控（可以不再进行放射性控制的物料）

已获准实践中的源（包括物质、材料和物品），如果符合审管部门规定的清洁解控水平，则经审管部门认可，可以不再遵循《基本标准》的要求，即可以将其解除放射性控制。

我国目前有关解控的技术标准已有两个。一个是《放射性污染的物料解控和厂址开放的基本要求》（GBZ 167—2005），另一个是《可免于辐射防护监管的物料中放射性核素活度浓度》（GB 27742—2011）。这两个标准给出了各类毒性分组的核素的表面污染解控水平、各核素的放射性活度浓度和总活度解控水平等。《基本标准》中关于表面污染控制水平中有一段话：“工作场所中的某些设备与用品，经去污使其污染水平降低到设备类的控制水平的五十分之一以下时，经审管部门或审管部门授权的部门确认同意后，可当作普通物品使用”。这只是《基本标准》对设备和物品带出控制区的管理要求，不是《基本标准》给出的所有物料（退役时还涉及墙面、地面、台面等）的解控水平。此处给出的表面污染水平仅是解控水平中的一个值（还有对各种核素的活度浓度和总活度以及外照射剂量率等指标），不可理解为这就是《基本标准》给出的解控水平。解控需要监管部门认可。

3.2.4　豁免与解控的区别

豁免是确认辐射源或利用辐射源的实践是否该纳入辐射监管体系管理，解控是对以前已经纳入辐射监管体系管理的辐射源解除放射性控制。对大部分核素而言，豁免水平和解控水平相同，但它们的概念完全不同。对退役而言，涉及的一定是解控。因此，没有豁免废物（源）的说法，废物（源）只能被解控。

3.3 监管部门

《放污法》和国务院 449 号令规定：放射性同位素、射线装置的安全和防护工作由国务院环境保护主管部门（即环境保护部）实施统一监督管理。

此外，公安部门负责丢失、被盗放射源的立案侦查和追缴。卫生主管部门负责对使用放射性同位素和射线装置进行放射诊疗的医疗卫生机构进行放射源诊疗技术和医用辐射机构许可，同时负责辐射事故的医疗应急；国务院对外贸易主管部门、海关总署、质量监督检验检疫部门协助国务院环境保护主管部门制定并公布限制进出口放射性同位素目录和禁止进出口放射性同位素目录，负责有关放射性同位素进出口监管工作。生产放射性同位素的单位的核技术利用单位主管部门对生产放射性同位素的单位进行行业管理。国家原子能机构根据环境保护主管部门确定的辐射事故的性质和级别，负责有关国际信息通报工作。

3.4 法规设置的管理制度

《放污法》对核技术利用设置了如下行政许可和审批：

1）生产、销售、使用放射性同位素和射线装置的单位，应当按照国务院有关放射性同位素与射线装置辐射安全和防护的规定申请领取许可证，办理登记手续；

2）转让、进口放射性同位素和射线装置的单位以及装备有放射性同位素的仪表的单位，应当按照国务院有关放射性同位素与射线装置辐射安全和防护的规定办理有关手续；

3）在申请领取许可证前编制环境影响评价文件，报省级环保部门审查批准；

4）国家实行放射性同位素备案制度；

5）新、改、扩建放射工作场所的放射防护设施，应当与主体工程同时设计、同时施工、同时投入使用；

6）放射防护设施应当与主体工程同时验收；验收合格的，主体工程方可投入生产或者使用。

此外，449 号令、31 号令和 18 号部长令还对放射源和射线装置分类、辐射工作人员资质、工作场所和个人剂量监测、年度评估等进行了规定，下面分别阐述。

3.4.1 分类管理

国家对放射源和射线装置实行分类管理。根据放射源、射线装置对人体健康和环境的潜在危害程度，从高到低将放射源分为Ⅰ类、Ⅱ类、Ⅲ类、Ⅳ类、Ⅴ类，将射线装置分为Ⅰ类、Ⅱ类、Ⅲ类。具体分类详见附录三和附录四。

3.4.2 辐射工作许可

生产、销售、使用放射性同位素和射线装置的单位，应当按规定取得辐射安全许可证。使用放射性同位素和射线装置进行放射诊疗的医疗卫生机构，还应当获得放射源诊疗技术和医用辐射机构许可。

不同的放射源和射线装置在正常使用和事故情况下，对人体健康和环境的潜在危害程度存在较大的区别，对其安全和防护监督管理的要求也各有不同，为了合理利用现有的监管资源，对放射源和射线装置进行了分类，并依据分类系统，实行分级管理。国务院环境保护主管部门负责生产放射性同位素、销售和使用Ⅰ类放射源、销售（含建造）和使用Ⅰ类射线装置的单位辐射安全许可证的审批颁发，省级环境保护主管部门负责销售、使用Ⅱ类、Ⅲ类、Ⅳ类、Ⅴ类放射源和生产、销售、使用Ⅱ类、Ⅲ类射线装置的单位辐射安全许可证的审批颁发。

一个单位只需申请一个许可证，如某个放射同位素使用单位同时拥有Ⅰ类、Ⅱ类和Ⅲ类放射源，只需向环境保护部申请，环境保护部在审批使用Ⅰ类放射源许可证时，应同时审批使用Ⅱ类、Ⅲ类放射源的条件。

由于许可证上规定该单位所能从事活动的种类或范围是按相应的活动应具备的条件进行审定的，因此持证单位只能从事许可证上规定种类或范围内的活动。改变原许可证所规定的活动种类或范围时，意味着持证单位现有的安全和防护条件将不适应新的活动要求。新建或改建、扩建生产、销售、使用设施或者工作场所，一方面意味着活动的范围将要改变，同时新、改、扩建的设施或场所的安全和防护条件是否能满足要求，也需要由审批部门进行审查和核实。因此，只要被许可单位改变了所从事活动的种类或者范围，或有新建或者改建、扩建生产、销售、使用设施或者场所，都要按照许可证申请、审批程序，重新申请许可证。

改变所从事辐射活动种类是指放射性同位素或射线装置的生产、销售（含进出口）、使用活动类型发生变化，如原来被许可使用放射性同位素的单位，例如某医院原生产 PET 用 ^{18}F 自用，后欲转让给其他医院，即改为从事生产、使用、销售放射性同位素活动。改变所从事活动的范围是指持证单位将要增加或减少原有放射源或射线装置的类别，以及改变非密封放射性物质工作场所的级别，如原来使用Ⅲ类放射源的单位想要使用Ⅰ类或Ⅱ类放射源、由乙级非密封放射性物质工作场所改为甲级非密封放射性物质工作场所等。原来由省级环保部门颁发许可证的单位，由于改变了所从事活动的种类或者范围，重新申请许可证时超出了省级环保部门的审批权限，如原来使用Ⅱ类放射源的单位，现增加或改为使用Ⅰ类放射源，则在重新申请许可证时应向环境保护部申请。

许可证制度是通过监管部门对拟从事放射性同位素和射线装置生产、销售、使用单位的安全和防护设施、人员资质、管理措施等方面的评价和验证，满足国家法律法规和标准要求的，方可允许该单位开展放射性同位素和射线装置生产、销售、使用等活动，从而防止或减少放射性同位素与射线装置对人体和环境的危害，保障人体健康，保护环境，促进放射性同位素与射线装置的安全应用。

3.4.3 放射性同位素进出口审批

国务院 449 号令确立了放射性同位素进出口审批制度。进口列入限制进出口目录的放射性同位素，在环境保护部审查批准后，由国务院对外贸易主管部门签发进口许可证。出口列入限制进出口目录的放射性同位素，应当提供进口方可以合法持有放射性同位素的证明材料，并由环境保护部依照有关法律和我国缔结或者参加的国际条约、协定的规定，办理有关手续。

环境保护部作为放射性同位素和射线装置的统一监管部门，承担放射源进出口的审批工作，而按照《对外贸易法》的规定，国务院对外贸易主管部门负责签发进口许可证，因此，在进口放射性同位素时，首先由国务院环境保护主管部门对申请单位是否可以进口放射性同位素进行审查，符合条件要求的，予以批准；放射性同位素进口单位凭国务院环境保护主管部门的审批文件到国务院对外贸易主管部门办理进口许可证，再凭进口许可证办理海关手续。海关根据国务院对外贸易主管部门颁发的放射性同位素进口许可证，办理相应的通关手续；根据国家有关检疫法律法规的规定，放射性同位素的包装材料需要进行检疫时，还应接受检验检疫部门的检查。

限制或者禁止进出口目录之外的放射性同位素的进口，不需经过国务院环境保护主管部门的审批，只需按照国家对外贸易的有关规定办理进口手续。

对进出口放射性同位素审批的目的有以下几个方面：一是要确保进口放射性同位素的单位有合法取得的许可证，防止非法获得和使用放射性同位素；二是为了强化我国放射性同位素的"源头"管理，对进口的放射源进行统一编码，及时掌握我国放射源的底数和实行动态管理；三是确保放射性同位素使用期满后能够及时返回出口国或送交放射性废物集中贮存单位处理。

3.4.4 放射性同位素转让审批

放射性同位素转让是指除进出口、回收活动之外，放射性同位素所有权和使用权在不同持有者之间的转移。所有权转移包括生产单位向销售单位的转让、销售（含进口）单位向使用单位的转让、使用单位之间的转让等；使用权的转移包括借用、租用等。按照"谁拥有、谁负责"的原则，一旦放射性同位素的所有权和使用权发生转移，则对放射性同位素应承担的安全和防护责任，以及接受监管部门监督管理的义务也要随之发生转移。

转让活动只能在许可证持有单位之间进行，转入单位不能超出其许可证限定的种类和范围，如持有使用Ⅲ类放射源许可证的单位，不能申请转入Ⅰ类、Ⅱ类放射源，或持有只使用射线装置许可证的单位不能申请转入放射性同位素。

转让放射性同位素，由转入单位向其所在地省、自治区、直辖市人民政府环境保护主管部门提出申请。如上海某单位欲购买北京原子高科股份有限公司的 ^{192}Ir 放射源，则由该单位向上海市环保局提出转让申请。

为了避免销售单位转产、破产、倒闭等行为发生时，其销售出的放射源因无法溯源而不能按法规要求返回生产厂家或原出口国，18 号令要求转让Ⅰ类、Ⅱ类、Ⅲ类放射源的，转让双方应当签订废旧放射源返回协议。进口放射源转让时，转入单位应当取得原出口方负责回收的承诺文件副本。以使放射源用户在需要时可直接与生产厂家联系放射源返回事宜。

3.4.5 放射性同位素备案

转让放射性同位素、送贮或返回废旧放射源以及放射性同位素转移到外省、自治区、直辖市使用均应当到所在地省级环保部门进行备案。

建立放射性同位素备案管理制度是为了及时、准确地掌握我国放射性同位素的底数，实现放射性同位素的动态跟踪管理，避免对放射性同位素监管失控的一种监管方式。当转让、送贮等活动完成后，应在规定时间内分别到所在地省级环保部门进行备案。未按时完成备案的，转出方（原持有方）将继续对放射性同位素承担安全和防护责任，同时还将接受监管部门按照条例相关罚则进行的处罚。

449 号令还规定：对放射性同位素生产单位应建立放射性同位素产品台账、按照国务院环境保护主管部门规定的编码规则对放射源进行统一编码，并定期将放射性同位素产品台账和放射源编码清单报国务院环境保护主管部门备案。未列入台账的放射性同位素意味着其将不会进入国家放射性同位素备案信息系统，并将失去监管部门的监管控制；未被编码的放射源，将无法对其实行“身份”管理，也不能进入备案信息系统。因此，未列入产品台账的放射性同位素和未编码的放射源，不得出厂和销售。

3.4.6　场所和设施退役

按照 18 号令规定，有 4 类放射性工作场所和设施需要退役。一是使用Ⅰ类、Ⅱ类、Ⅲ类放射源的场所；二是生产放射性同位素的场所；三是甲级、乙级非密封放射性物质使用场所；四是终结运行后产生放射性污染的射线装置（如能量大于 10 Mev 的加速器）。应按规定实施退役。

实施退役的生产、使用放射性同位素与射线装置的单位，应当在实施退役前完成下列工作：

（一）将有使用价值的放射源按照《放射性同位素与射线装置安全和防护条例》的规定转让；

（二）将废旧放射源交回生产单位、返回原出口方或者送交有相应资质的放射性废物集中贮存单位贮存。

依法实施退役的生产、使用放射性同位素和射线装置的单位，应当在实施退役前编制环境影响评价文件，报原辐射安全许可证发证机关审查批准；未经批准的，不得实施退役。退役工作应按照环保部门批复环境影响评价文件的要求进行源项调查、场所和设施的放射性水平监测，有污染的要进行去污，去污后要再次监测以决定是否需要再次去污或清洁解控。

退役工作完成后 60 日内，依法实施退役的生产、使用放射性同位素与射线装置的单位，应当向原辐射安全许可证发证机关申请退役核技术利用项目终态验收，并提交退役项目辐射环境终态监测报告或者监测表。

依法实施退役的生产、使用放射性同位素与射线装置的单位，应当自终态验收合格之日起 20 日内，到原发证机关办理辐射安全许可证变更或者注销手续。

生产、销售、使用放射性同位素和射线装置的单位，在依法被撤销、依法解散、依法破产或者因其他原因终止前，应当确保环境辐射安全，妥善实施辐射工作场所或者设备的退役，并承担退役完成前所有的安全责任。

3.4.7　建设项目竣工环境保护验收

《放污法》规定：放射防护设施应当与主体工程同时验收；验收合格的，主体工程方可投入生产或者使用。

放射防护设施是指在放射工作场所用以保护工作人员与公众、防止放射性污染、辐射监测、辐射屏蔽以及按规定对产生的放射性废物进行收集、包装、贮存的设施设备，包括放射工作场所入口控制设备、安全联锁装置、报警装置或者工作信号等。

《放污法》要求放射防护设施应与主体工程同时验收，验收合格后，主体工程方可投入生产或者使用。依据《环保法》第二十六条的规定，验收工作由原审批环境影响文件的环境保护行政主管部门进行。

3.4.8 放射性三废管理

《放污法》对放射性废物的管理的规定分几个层次。

对生产放射性同位素的单位，应当合理选择和利用原材料，采用先进的生产工艺和设备，尽量减少放射性废物的产生量。

产生放射性废气、废液的单位向环境排放符合国家放射性污染防治标准的放射性废气、废液，应当向审批环境影响评价文件的环境保护行政主管部门申请放射性核素排放量，按规定方式排放，并定期报告排放计量结果。

产生放射性废液的单位，对不得向环境排放的放射性废液进行处理或者贮存。

产生放射性固体废物的单位，对其产生的放射性固体废物进行处理后，送交放射性固体废物处置单位处置，并承担处置费用。

从事放射性固体废物（收）贮存、处置的单位，必须取得国务院环境保护行政主管部门审查批准的放射性废物贮存许可证。国家禁止未经许可或者不按照许可的有关规定从事贮存和处置放射性固体废物的活动；禁止将放射性固体废物提供或者委托给无放射性废物（收）贮许可证的单位贮存和处置。

另外，放射性废物和被放射性污染的物品是一种特殊的有毒有害物质，需要长期、严格、科学的管理控制并投入相当的资源，才可能使危害和风险降到可以接受的水平。即便如此，仍然存在着一定的潜在风险。所以，我国 1995 年 10 月发布的《中华人民共和国固体废物污染环境防治法》明文规定，“禁止中国境外的固体废物进境倾倒、堆放、处置”，“国家禁止进口不能用作原料的固体废物”和“禁止经中华人民共和国过境转移危险废物”。1995 年 11 月，国务院办公厅发布了关于坚决控制境外废物向我国转移的紧急通知。通知重申“决不允许把我国作为发达国家和地区倾倒、堆放有害废物的场所”。《放污法》也明确规定：禁止将放射性废物和被放射性污染的物品输入中华人民共和国境内或者经中华人民共和国境内转移。

3.4.9 废旧放射源管理

449 号令规定：使用Ⅰ类、Ⅱ类、Ⅲ类放射源的单位应当在放射源闲置或者废弃后三个月内，按照废旧放射源返回协议规定，将废旧放射源交回生产单位或者返回原出口方。确实无法交回生产单位或者返回原出口方的，送交具备相应资质的放射性废物集中贮存单位（以下简称“废旧放射源收贮单位”）贮存，并承担相关费用。

使用放射源的单位依法被撤销、依法解散、依法破产或者因其他原因终止的，应当事先将本单位的放射源依法转让、交回生产单位、返回原出口方或者送交废旧放射源收贮单位贮存，并承担上述活动完成前所有的安全责任。

3.4.10 放射性同位素安保管理

由于放射性同位素是特殊的危险物品，一旦遭到破坏、发生泄漏或者丢失，就可能造成环境放射性污染，引起社会恐慌。因此，449 号令规定放射性同位素应当单独存放，不得与易燃、易爆、腐蚀性物品等一起存放，其贮存场所应当采取有效的防火、防盗、防射线泄漏的安全防护措施，并指定专人负责保管。以免因燃烧、爆炸、腐蚀等原因造成放射性同位素的失控，形成放射性污染；449 号令还要求贮存、领取、使用、归还放射性同位素时，应当进行登记、检查，做到账物相符。对放射源还应当根据其潜在危害的大小，建立相应的多重防护和安全措施，并对可移动的放射源定期进行盘存，确保其处于指定位置，具有可靠的安全保障。

3.4.11 人员资质管理

按照 449 号令的要求，生产、销售、使用放射性同位素和射线装置的单位，应当对直接从事生产、销售、使用活动的工作人员进行安全和防护知识教育培训，并进行考核；考核不合格的，不得上岗。18 号令把辐射安全培训分为高级、中级和初级三个级别。从事下列活动的辐射工作人员，应当接受中级或者高级辐射安全培训：

（一）生产、销售、使用Ⅰ类放射源的；

（二）在甲级非密封放射性物质工作场所操作放射性同位素的；

（三）使用Ⅰ类射线装置的；

（四）使用伽马射线移动探伤设备的。

从事上述活动单位的辐射防护负责人，以及从事前款所列装置、设备和场所设计、安装、调试、倒源、维修以及其他与辐射安全相关技术服务活动的人员，应当接受中级或者高级辐射安全培训。

除上述所列的其他辐射工作人员，应当接受初级辐射安全培训。取得辐射安全培训合格证书的人员，应当每四年接受一次再培训。

449 号令还规定：辐射安全关键岗位应当由注册核安全工程师担任。

国家核安全局“关于发布《注册核安全工程师执业资格关键岗位名录》（第一批）的通知”要求：放射性同位素生产单位、放射性药品生产单位，非医用Ⅰ类放射源使用单位、Ⅰ类射线装置生产使用单位，其辐射安全关键岗位应当由国家统一实施资质管理的注册核安全工程师担任，以保证国家辐射环境安全和公众健康。

注册核安全工程师是国家为了提高核安全专业人员素质，规范核安全关键岗位的管理，确保核与辐射环境安全，维护国家和公众的利益，对在核能和核技术应用及核安全提供技术服务的单位中从事核安全关键岗位工作的专业人员实行执业资格的制度，由国家人事部统一规划管理。

3.4.12 个人剂量管理

18 号令要求所有生产、销售、使用放射性同位素与射线装置的单位，应当按照法律、行政法规以及国家环境保护和职业卫生标准，对本单位的辐射工作人员进行个人剂量监测；发现个人剂量监测结果异常的，应当立即核实和调查，并将有关情况及时报告辐射安全许可证发证机关。

生产、销售、使用放射性同位素与射线装置的单位，应当安排专人负责个人剂量监测管理，建立辐射工作人员个人剂量档案。个人剂量档案应当包括个人基本信息、工作岗位、剂量监测结果等材料。个人剂量档案应当保存至辐射工作人员年满七十五周岁，或者停止辐射工作三十年。

辐射工作人员有权查阅和复制本人的个人剂量档案。辐射工作人员调换单位的，原用人单位应当向新用人单位或者辐射工作人员本人提供个人剂量档案的复制件。

3.4.13 年度评估制度

18 号令规定：生产、销售、使用放射性同位素与射线装置的单位，应当对本单位的放射性同位素与射线装置的安全和防护状况进行年度评估，并于每年 1 月 31 日前向发证机关提交上一年度的评估报告。

安全和防护状况年度评估报告应当包括下列内容：

（1）辐射安全和防护设施的运行与维护情况；

（2）辐射安全和防护制度及措施的制定与落实情况；

（3）辐射工作人员变动及接受辐射安全和防护知识教育培训（以下简称“辐射安全培训”）情况；

（4）放射性同位素进出口、转让或者送贮情况以及放射性同位素、射线装置台账；

（5）场所辐射环境监测和个人剂量监测情况及监测数据；

（6）辐射事故及应急响应情况；

（7）核技术利用项目新建、改建、扩建和退役情况；

（8）存在的安全隐患及其整改情况；

（9）其他有关法律、法规规定的落实情况。

年度评估发现安全隐患的，应当立即整改。

生产、销售、使用放射性同位素与射线装置的单位，应当从保障工作人员、公众健康和环境安全的高度，充分认识到搞好放射源安全的社会责任。自我评估是目前国际社会公认的一种很好的安全管理措施。ISO 9000 和 ISO 14000 也都非常强调自我评估、自我审核的重要性，认为自我审核重于外部监督。

第四章　辐射事故应急及处理

4.1　辐射事故的定义及分级

4.1.1　辐射事故的定义

按照 449 号令，辐射事故是指放射源丢失、被盗、失控，或者放射性同位素和射线装置失控导致人员受到意外的异常照射或环境污染。

按照上述定义，放射源丢失、被盗，不论是否日后被追回都应按事故处理。放射源失控是指放射源的安全不能得到有效保护，它的辐射存在伤害人员（包括源的密封性严重破坏）的可能性。当这种伤害人员的可能性明显存在时，该源项就应按事故论处，直到伤害人员的可能性消除为止。该类情况很多，例如上述丢失、被盗后放射源就已处在了失控状态。此外，又如放射源使用或贮存时防护屏蔽失效（或被破坏或明显减弱），或密封性严重丧失等。

关于造成大范围严重辐射污染的问题，449 号令没有给出放射性污染范围和污染程度的定量概念，但是联系到对放射源分类时所考虑的原则，由于污染，需要去污区域的范围虽然取决于许多因素（包括源的类型和大小，是否散开或怎样散开，以及气象条件），但对 I 类源，去污区域可能达到 1 km^2 或更大，但几乎不可能将公共补给水源污染到危险水平；对 II 类源去污区域不可能超过 1 km^2，也不大可能将公共补给水源污染到危险水平。所以，这里的“大范围严重辐射污染”，可以按约 1 km^2 来考虑。

4.1.2　辐射事故的分级

449 号令根据辐射事故的性质、严重程度、可控性和影响范围等因素，从重到轻将辐射事故分为特别重大辐射事故、重大辐射事故、较大辐射事故和一般辐射事故四个等级。

特别重大辐射事故，是指 I 类、II 类放射源丢失、被盗、失控造成大范围严重辐射污染后果，或者放射性同位素和射线装置失控导致 3 人以上（含 3 人）急性死亡。

重大辐射事故，是指 I 类、II 类放射源丢失、被盗、失控，或者放射性同位素和射线装置失控导致 2 人以下（含 2 人）急性死亡或者 10 人以上（含 10 人）急性重度放射病、局部器官残疾。

较大辐射事故，是指III类放射源丢失、被盗、失控，或者放射性同位素和射线装置失控导致 9 人以下（含 9 人）急性重度放射病、局部器官残疾。

一般辐射事故，是指IV类、V类放射源丢失、被盗、失控，或者放射性同位素和射线装置失控导致人员受到超过年剂量限值的照射。

449 号令对事故的分级采用放射源的类别和人员受到辐射照射后的辐射效应（急性死亡、急性重度放射病、局部器官残疾）表示。但对于失控的Ⅳ类、Ⅴ类源，由于一般不可能造成严重伤害，它们的危害方式主要表现为受害者受到了一定量的辐射照射，所以一般辐射事故用超过年剂量限值来表示。对于工作中有时出现设备故障或操作失误，例如工业核子仪器中或实验室使用的Ⅳ类、Ⅴ类源脱落掉出，操作人员使用工具或裸手将源迅速放回原容器中，放射源回到受控状态，Ⅳ类、Ⅴ类源属低危险源，不可能对人员造成严重伤害，短时间接触也不可能对工作人员造成超过年剂量限值的照射，所以不作为辐射事故处理。

需要强调的是，确定事故等级的放射源类别，是根据事故发生时放射源的放射性活度判定的，不是按照出厂活度来定的。因为随着放射性衰变，实际使用的源的放射性活度可能已很小，从而事故也可能被降级。

4.1.3 辐射事故的降级处理

对于丢失、被盗、失控的Ⅰ类、Ⅱ类、Ⅲ类放射源如果很快找回和得到控制，没有造成人员受照或环境污染等后果的，辐射事故定级时应降一级处理。

对测井活动，如果放射源卡在井中无法打捞上来，一般采取封井并设立标志。由于此时放射源处于地下，不可能对地面的人员造成照射，没有完全失控，但仍存在放射源由于地下岩浆或水等长期作用，造成源包壳破损、放射性物质向环境迁移的可能，因此，辐射事故的级别应降一级。

4.2 各部门在辐射事故应急中的分工

按照国务院赋予各部门的职责，环境保护主管部门负责辐射事故的应急响应、调查处理和定性定级工作，对辐射事故应急各个环节的连续性和有效性负总的责任，重点做好部门之间的协调、事故发生原因与过程的调查、事故的定性定级和后果处理有效性的评价与促进，行政处理与处罚，以及从技术与设备或人力上协助公安部门监控追缴丢失、被盗的放射源。

公安部门的主要责职是对丢失、被盗的放射源开展立案侦查和追缴工作，并对各项工作方案的全面性与有效性和警力配置方面负全责。对于事故原因调查，有时也需要公安部门参与，这时应与环境保护主管部门积极配合。

卫生主管部门的主要工作是积极开展辐射事故的医疗应急，对受辐射伤害人员创造条件给予诊断与对症治疗，并对医疗应急的全面性与有效性负责。受照人员所受剂量是确定医疗应急方案的重要依据之一，该项工作主要由环境保护主管部门负责，卫生主管部门应给予配合。但为了及时有效地开展医疗应急，卫生主管部门也应该独立地开展受照人员所受剂量的估算工作。

辐射事故“国际信息通报工作”，目前国务院指定的部门是国家原子能机构，通报的内容应以环境保护主管部门确定的为准。

环境保护主管部门、公安部门、卫生主管部门应当及时相互通报辐射事故应急响应、调查处理、定性定级、立案侦查和医疗应急情况。

4.3 辐射事故应急预案

辐射事故应急预案是减轻辐射事故人身伤害和经济损失的重要措施，也是维护社会安定团结、经济稳步发展所不可缺少的举措之一。

生产、销售、使用放射性同位素和射线装置的单位，应当根据可能发生的辐射事故的风险，制定本单位的应急方案，做好应急准备。另外，县级以上人民政府环境保护主管部门应当会同同级公安、卫生、财政等部门编制辐射事故应急预案，报本级人民政府批准。

各级政府的“预案”应由县级（含县级）以上人民政府的环境保护主管部门牵头，会同同级公安、卫生、财政、新闻、宣传等部门编制辐射事故应急预案，报本级人民政府批准。即县级、地（市）级和省级都应有相应的“预案”。并且，它们要与本辖区内放射源和射线装置使用的规模及类型相适应。例如，有的辖区建有辐照装置或中高能加速器，则负责对其监督的省或地（市）制订的“预案”除了应有适应于其他各类型的放射源和射线装置的辐射事故应急措施外，特别应包括适应于事故后果往往比较严重的辐照装置或中高能加速器辐射事故的相关内容。很多县只有Ⅳ类、Ⅴ类放射源和X射线机，那么它们制定的“预案”只要针对Ⅳ类、Ⅴ类放射源和X射线机就可以了，由于Ⅳ类、Ⅴ类放射源的危害性很小，因此有关响应行动将限制在非常小的范围。为了确保“预案”在实施时的合法性和有效性，联合编制的“预案”应由本级人民政府批准，并采用适当的形式向公众颁布或内部发文。

“预案”的内容应该尽可能全面、具体、细化，提高可操作性，又要针对风险和具体情况以及考虑公众的反应，防止应急扩大化，避免类似2009年“杞人忧钴”事件的发生。各级人民政府批准的“预案”，应明确环保、公安、卫生和财政、宣传等主管部门的职责。同时，相关部门所需要的与应急有关的人员组织与培训、应急救援装备和物资，以及响应措施等安排都应在各自的应急预案中得到体现。

应急预案必须包括以下几方面的内容：

1）应急机构和职责分工；政府和核技术利用单位均应设置应急组织，应急组织负责人一般是该地区的最高行政长官或单位法人，还应该设有替代人（如事故时，法人刚好出国出差，仍有应急总指挥），机构中还应设有技术（现场）处理组和后勤保障组等，并附上相关人员的联系电话。

2）应急人员的组织、培训以及应急和救助的装备、资金、物资准备；应急人员的组织和培训一般由政府或单位的应急组织负责，并在预案中明确应急培训的内容、机构、频次等，同时还要配备与本辖区或本单位风险最严重事故相适应的应急装备和物资。

3）辐射事故分级与应急响应措施；根据本辖区或单位拥有的核技术利用项目的情况，针对可能发生的每类事故事件，制定相应的响应措施。如发生人员误照该怎么办、发生环境污染该采取哪些措施，等。

4）辐射事故的调查、报告和处理程序；按照国务院449号令和环保部第18号令的要求，事故单位应当将事故情况报告给相关部门，并规定调查和处理程序。

5）辐射事故信息公开、公众宣传和事故上报方案。该内容主要是针对政府的预案而言。《放污法》第三十三条规定：当地人民政府应当及时将有关情况告知公众，并做好事故的调查、处理工作。

辐射事故应急预案还应当包括可能引发辐射事故的运行故障（如γ辐照装置卡源故障）的应急响应措施及其调查、报告和处理程序。

核技术利用单位是防止发生事故的主体，也是处理辐射事故和减少事故损失的主要责任人。所以辐射工作单位的应急预案内容更应当全面、具体，可操作性强。应急预案中的应急措施和应急响应准备必须有效和可行，要与本辖区或本单位内放射源和射线装置使用的规模及类型相适应，并满足本辖区或本单位风险最严重的事故级别。

4.4 辐射事故应急响应

4.4.1 辐射事故报告

（1）核技术利用单位报告制度

发生辐射事故后，辐射工作单位是处理辐射事故的主体，应积极主动地做好事故处理的各项工作。首先应当立即启动预先制定的应急方案，采取应急措施，向当地环境保护主管部门、公安部门、卫生主管部门报告事故的时间，自发生（发现）事故起算不宜超过 2 小时，对重大事故还应更快。所有事故都应该报告当地环境保护主管部门，有放射源丢失、被盗和可疑故意引起的辐射事故都应同时报告公安部门；造成或可能造成人员超剂量照射的，还应同时向当地卫生主管部门报告。

（2）当地政府

县级以上地方人民政府及其有关部门接到辐射事故报告后，应当按照事故分级报告的规定及时将辐射事故信息报告给上级人民政府及其有关部门。发生特别重大辐射事故和重大辐射事故后，事故发生地省、自治区、直辖市人民政府和国务院有关部门应当在 4 小时内报告国务院。当遇有严重社会影响的辐射事故，例如大量放射性物质被盗、丢失或失控，并可能危及几十人以上的生命安全，和很大范围（如 10 km^2 以上）放射性物质严重污染（例如水源污染到不能直接饮用的程度）的辐射事故，事故发生地人民政府及有关部门可直接向国务院报告。

（3）省级以下环境保护部门

接到辐射事故报告或者可能发生辐射事故的运行故障报告的环境保护部门，应当在 2 小时内，将辐射事故或者故障信息报告本级人民政府并逐级上报至省级人民政府环境保护主管部门；发生重大或者特别重大辐射事故的，应当同时向环境保护部门报告。

接到含 I 类放射源装置重大运行故障报告的环境保护部门，应当在 2 小时内将故障信息逐级上报至原辐射安全许可证发证机关。

表 4.1　辐射事故初始报告表

事故单位名称	（公章）					
法定代表人		地　址			邮　编	
电　话			传　真		联系人	
许可证号			许可证审批机关			
事　故发生时间			事故发生地点			
事　故类　型	□人员受照　□人员污染		受照人数		受污染人数	
	□丢失　□被盗　□失控		事故源数量			
	□放射性污染		污染面积（m^2）			
序号	事故源核素名称	出厂活度（Bq）	出厂日期	放射源编码	事故时活度（Bq）	非密封放射性物质状态（固/液态）
序号	射线装置名称	型　号	生产厂家	设备编号	所在场所	主要参数
事故经过情况						
报告人签字		报告时间		年月日时分		

注：射线装置的“主要参数”是指 X 射线机的电流（mA）和电压（kV）、加速器的射线种类及能量等主要性能参数。

表 4.2　辐射事故后续报告表

事故单位	名　称			地　址		
	许可证号			许可证审批机关		
事故发生时间				事故报告时间		
事故发生地点						
事故类型	□人员受照　□人员污染			受照人数		受污染人数
	□丢失　□被盗　□失控			事故源数量		
	□放射性污染			污染面积（m^2）		
序号	事故源核素名称	出厂活度（Bq）	出厂日期	放射源编码	事故时活度（Bq）	非密封放射性物质状态（固/液态）
序号	射线装置名称	型　号	生产厂家	设备编号	所在场所	主要参数
事 故 级 别	□一般辐射事故　□较大辐射事故　□重大辐射事故　□特别重大辐射事故					
事故经过和处理情况						
事故发生地省级环保局	联系人			（公章）		
	电　话					
	传　真					

注：射线装置的“主要参数”是指 X 射线机的电流（mA）和电压（kV）、加速器的射线种类及能量等主要性能参数。

（4）省级环境保护部门

省级人民政府环境保护主管部门接到辐射事故报告，确认属于特别重大辐射事故或者重大辐射事故的，应当及时通报省级人民政府公安部门和卫生主管部门，并在 2 小时内上报环境保护部。

环境保护部在接到事故报告后，应当立即组织核实，确认事故类型，在 2 小时内报国务院，并通报公安部和卫生部。

事故报告的形式应是以文字（可以用传真）的为准。在初期可以用电话口头报告，但必须及时补充文字材料。

4.4.2 辐射事故应急响应

（1）核技术利用单位

《放污法》规定：核技术利用单位应负责本单位放射性污染的防治，接受环境保护行政主管部门和其他有关部门的监督管理，并依法对其造成的放射性污染承担责任。也就是说，核技术利用单位是本单位辐射安全的第一责任人，是防止发生事故的主体，也是处理辐射事故和减少事故损失的主要责任人。因此，18 号令规定：发生辐射事故或者运行故障的单位，应当按照应急预案的要求，制订事故或者故障处置实施方案，并在当地人民政府和辐射安全许可证发证机关的监督、指导下实施具体处置工作。

发生辐射事故的单位应当立即将可能受到辐射伤害的人员送至当地卫生主管部门指定的医院或者有条件救治辐射损伤病人的医院，进行检查和治疗，或者请求医院立即派人赶赴事故现场，采取救治措施。不允许以任何理由推卸责任，即便事故是由受辐射伤害人员本人造成的，也不应该有正式职工、合同工或其他任何形式员工之分。救治的一切费用均应由辐射工作单位筹措承担。送达受辐射伤害人员和开展救治工作必须“立即”，绝不允许拖延。同时，应采用最快捷、最稳妥的交通方式；接收救治的医疗机构应是当地卫生主管部门指定的或有条件救治的，不具备救治条件的医疗机构收治了病员，无故耽误了病员救治的要承担相应责任。

辐射事故和运行故障处置过程中的安全责任，以及由事故、故障导致的应急处置费用，由发生辐射事故或者运行故障的单位承担。

目前，社会上对核技术利用单位在辐射事故应急中的责任认识不清，主要认为辐射事故是“突发事件”，该由政府出面处理。应当澄清的是，《中华人民共和国突发事件应对法》（以下简称《突发事件应对法》）规定，“所称突发事件，是指突然发生，造成或者可能造成严重社会危害，需要采取应急处置措施予以应对的自然灾害、事故灾难、公共卫生事件和社会安全事件”。然而，不是所有辐射事故都是突发事件，只有当辐射事故严重到引起灾难或社会安全事件的，才归入突发事件。“由县级人民政府对本行政区域内突发事件的应对工作负责；涉及两个以上行政区域的，由有关行政区域共同的上一级人民政府负责，或者由各有关行政区域的上一级人民政府共同负责”。除此之外，都应由核技术利用单位负责处理。

（2）地方人民政府

我国对辐射事故应急处理实行的是属地管理。449 号令第四十四条规定：辐射事故发生后，有关县级以上人民政府应当按照辐射事故的等级，启动并组织实施相应的应急预案。《放污法》

第三十三条还规定：当地人民政府应当及时将有关情况告知公众，并做好事故的调查、处理工作。

《突发事件应对法》规定：突发事件发生后，发生地县级人民政府应当立即采取措施控制事态发展，组织开展应急救援和处置工作，并立即向上一级人民政府报告，必要时可以越级上报。突发事件发生地县级人民政府不能消除或者不能有效控制突发事件引起的严重社会危害的，应当及时向上级人民政府报告。上级人民政府应当及时采取措施，统一领导应急处置工作。

《突发事件应对法》规定：突发事件发生后，履行统一领导职责或者组织处置突发事件的人民政府应当针对其性质、特点和危害程度，立即组织有关部门，调动应急救援队伍和社会力量，依照本法的规定和有关法律、法规、规章的规定采取应急处置措施。

（3）各相关部门

《放污法》第三十三条规定：公安部门、卫生行政部门和环境保护行政主管部门接到放射源丢失、被盗和放射性污染事故报告后，应当报告本级人民政府，并按照各自的职责立即组织采取有效措施，防止放射性污染蔓延，减少事故损失。当地人民政府应当及时将有关情况告知公众，并做好事故的调查、处理工作。

发生辐射事故后，县级以上各级人民政府的环境保护主管部门、公安部门、卫生主管部门都有责任根据事故分级管理的规定，启动相应的辐射事故的应急工作，组织完成 449 号令对各部门所规定的各项任务。

接到辐射事故或者可能引发辐射事故的运行故障报告的环境保护主管部门，应当立即派人赶赴现场，进行现场调查，采取有效措施，控制并消除事故或者故障影响，并配合有关部门做好信息公开、公众宣传等外部应急响应工作。

4.5　辐射事故调查处理

环境保护主管部门、公安部门和卫生主管部门在接到辐射事故报告后，应按国务院 449 号令第四十四条规定的任务立即指派相关人员到现场开展相关工作，同时按各自的渠道向上级报告。到达现场的人员，应按各自的职责立即开展工作，采取有效措施，控制并消除事故影响。

4.5.1　接报

环境保护部门接到辐射事故报告时，应了解（问询）并要求报告人尽快书面报告如下情况：

1）事故单位、发生时间和详细地点；

2）辐射工作种类：如辐照装置、工业探伤或放射治疗等；

3）使用辐射源项：如放射源类别、核素名称、放射性活度，使用加速器种类：电子、质子或 X 射线，射线能量等；

4）事故简单经过：简单情节、受照时间、设备故障或人为因素；

5）受照人数：受照类型（局部、全身、部位？）、受照者目前状态和所在地（医院名称、地点）；

6）目前各部门（环保、卫生、公安）介入情况、群众情绪和源项状态（控制否）；

7）报告人姓名、单位、联系方式和报告时间。

4.5.2 立即安排赶赴现场

1）报告有关领导，要及时、如实，讲明需领导决定的要点；

2）选派合适人选，如管理人员（组织协调和事故善后）、物理和生物学人员（剂量测量、估算与受照严重性判断）；

3）准备现场测量或采样设备、取证设备、相关法规标准、资料；

4）选择合适的交通工具和路线，尽快赶赴现场。

4.5.3 现场调查处理

1）听取详细汇报，要尽早安排能负责的领导、与事故有关部门的领导、对事故最清楚的人员参加会议，听取情况汇报，了解事故过程中各有关状态，如有无局部屏蔽物、受照方式、受照时间和受照人数、事故原因、目前存在的问题等。注意与报告的情况有无重大区别；

2）落实有关受照剂量与医疗救治要解决的问题，如时间、现场配合、人员、仪器设备、样品采集等；

3）看望受照者、积极救治。要多听受照者的诉说，给予安慰，适当注意宣传科学，以防止造成不良影响；

4）对会上提供的内容要随时进行科学判断，不清楚的要问清楚，必要时可提出组织调查。

4.5.4 应急处理

通过调查，分析事故发生的原因，针对原因立即采取措施，进行事故处理，使事故的损失减到最小。如果是放射源丢失，应组织有关部门（公安、监管、监测等）迅速追查，在追查中注意个人防护；如果是环境污染，应立即采取措施控制污染，做好相关监测，并做好事故处理人员的辐射防护，在处理时尤其注意防护行动的最优化（如尽量减少受照人员和每人的受照时间）；如果是机械设备故障，应积极组织专业人员排除故障；如是灾害引起事故，应在控制灾害的同时，设法防止或减少照射和污染的范围。处理过程中注意以下几点：

1）受照剂量估算：按时间段列出可能受照的情节，如工作内容、工作位置、源状态、人与源的距离、中间有无屏蔽、时间长短、中途有无离开和与其他人的位置关系等。有的数据要反复落实。剂量估算应与模拟测量相结合；

2）现场测量和样品采集：如有非密封放射性物质产生的环境污染，应视污染的具体情况进行表面污染、空气污染和外照射剂量的测量；采集可供剂量估算的样品，现场或受照者物理与生物样品。生物样品注意保存不受损失，样品要有代表性；

3）医学处理：尊重医务人员的意见，可以提出建议供参考；

4）初步原因分析：设备和人为的原因都要考虑到。设备因素要看现场实物，最好做重复验证；人为因素要得到主要责任者的认同，最好要有书面材料；违规事实要与有关规章制度相核对；

5）善后：交代清要做的事，包括查清事故、总结教训、改进措施、受照者处理和恢复工作条件等。

4.5.5 后果分析及对策

主要针对严重受照者进行医学救治。要密切观察，积极救治，并对本次事故的后果进行估计，提出预防控制对策。

4.5.6 原因分析和反馈

把在现场得到的事故原因分析整理成文，形成文件；有重要意义的经验与教训，要反馈给相关领导和相关单位，以防止类似事故再次发生，把事故的经验与教训作为一种社会财富来积极使用。

4.5.7 总结报告

总结应按公文或技术文件的有关格式和内容要求进行撰写，注意经验和教训，以及防范类似相关事故的启示。

省级人民政府环境保护主管部门应当每半年对本行政区域内发生的辐射事故和运行故障情况进行汇总，并将汇总报告报送环境保护部，同时抄送同级公安部门和卫生主管部门。

4.6 案例分析

4.6.1 山东济宁辐照装置事故

（1）装置简介

山东济宁华光辐照厂位于山东省济宁市金乡县高河乡，是一家私营企业，始建于 1994 年。其装置为自行建造的静态堆码式辐照装置，设备设施十分简陋，后又自行改造加装了货物自动输送系统。该装置辐照源为 ^{60}Co，设计装源活度 30 万 Ci，1994 年加源 7.2 万 Ci，1999 年又加源 4.4 万 Ci，发生辐照事故时总活度约 3.8 万 Ci。

（2）事故起因和过程

2004 年 10 月 21 日，由于辐照装置的铁网门安全联锁、降源限位开关、踏板降源装置、三道防止人员误入辐照室的光电联锁等 6 个安全装置及拉线开关全部失灵，放射源未正常回落到井下安全位置，两名工人在未采取任何辐射监测措施的情况下，进入辐照室工作，在距离放射源 0.8～1.7 m 处受到照射，造成超剂量照射事故。其中 1 人受照约 9 min（估计受照剂量为 10～13 Gy），当即出现呕吐症状；另 1 人受照约 5 min（估计受照剂量为 8～10 Gy）。

（3）经验教训

事故后，环境保护部（国家核安全局）对辐照装置进行了全面的安全检查，初步查明事故主要原因如下：

1）辐照装置自行设计，后又自行改造，未能达到国家标准《γ辐照装置设计建造和使用规范》（GB 17568—2008）的安全要求，在安全联锁装置失效、人员误入等意外情况发生时，放射源不能回落到井下安全位置；

2）运营单位管理不严，规章制度和操作规程不健全；

3）操作人员缺乏必要的安全防护知识，进入辐照室前未携带个人剂量报警仪和便携式γ剂量监测仪，违规操作。

4.6.2 山西农科院辐照装置事故

（1）装置简介

山西省农科院旱地农业研究中心有两套 ^{60}Co 辐照装置，一新一旧。发生事故的旧辐照装置建于 1975 年，设计装源活度为 2 万 Ci，2008 年 4 月 11 日发生事故时，装源活度约 1.7 万 Ci。该装置于 20 世纪 70 年代设计，没有任何辐射安全与防护设施，而且部分放射源已超过使用寿命。2005 年 4 月 14 日，山西省环保厅现场执法时要求该辐照装置关停并及时送贮废旧放射源。2007 年 6 月，原国家环保总局现场检查时也要求立即停运该辐照装置，送贮废旧放射源并退役该装置。2007 年 12 月，山西省环保厅又一次进行了现场检查，再次要求停止使用该装置并实施退役。该单位每次均表示执行环保部门要求，关停旧辐照装置和送贮废旧放射源。

（2）事故起因和过程

2008 年 4 月 11 日下午 13：40 左右，山西省农科院旱地农业研究中心亨泽辐照科技有限公司 6 名工作人员在本已被环保部门责令关停的旧辐照装置作业，由于没有安全联锁，在 ^{60}Co 放射源未降落到贮存位时，5 名工作人员进入辐照室工作。14：00 左右，辐照的货物搬运基本完成，1 人出来后发现控制台的放射源手摇装置处于升源状态，放射源在辐照位，立即通知其他人员撤离辐照室，并将放射源降到安全位置后关闭辐照室。

6 人离开辐照室后，立即向公司领导进行了报告，公司随即向山西省卫生监督所和省环保厅报告了事故情况，并将病人送往医院。省环保厅接报后，立即启动了辐射事故应急预案，派人赶赴现场和医院了解情况，同时向环境保护部和省委、省政府报告。

受照人员在受照半小时后不同程度地出现头晕、恶心、呕吐等症状，根据医院的建议和省环保厅的要求，农科院立即联系太原机场，当天适时飞往北京的航班已满，后联系直升飞机，但考虑到在直升机上不能连续对病人进行救治而放弃。其后由当地急救中心先后调遣 5 辆急救车，分两批将 5 名受照人员送往北京 307 医院救治。经医院全力救治，5 人中有 3 人幸存，2 人先后去世。

（3）经验教训

这起事故的直接原因是山西省亨泽辐照科技有限公司违反要求，擅自启用已承诺停用的旧辐照装置，在明知该装置不满足辐射安全与防护要求的情况下，为了片面追求经济利益，暗中间断运行，致使 5 人受照，2 人死亡。

在擅自使用该辐照装置造成辐照事故的操作中，工作人员在未落实放射源是否已降到贮存位，未佩带个人剂量报警仪（带了便携式剂量监测仪，但事后发现该仪器已坏）就进入辐照室，违反操作规程。

4.6.3 河南杞县卡源故障

（1）装置简介

杞县利民辐照厂拥有静态堆码式辐照装置 1 座，始建于 1997 年，设计装源量为 30 万 Ci，出事时放射源活度约 14 万 Ci。主要从事辐射消毒灭菌和辐射加工工作。

（2）事件起因和过程

2009 年 6 月 7 日，河南省杞县利民辐照厂在装置整改期间进行辐照加工，运行过程中发生卡源事件，环境保护部门和当地政府按照技术故障处理程序进行事件的处理。6 月 14 日，由于长时间受照射，辐照室内电源又被掐断，无法通风散热，使辐照室内被加工货物过热并发生冒烟。在采取灌水措施后，引燃物于当晚 24 时得到有效控制。6 月 15 日上午，环境保护部带领专家组赶到现场，与当地政府和环保部门进行了对话，要求核技术利用单位尽快制定处理方案将放射源重新放回贮源井中。7 月 10 日以后，由于业主一直没有拿出处理方案进行处理，国内外一些网站开始传播虚假报道和不实消息，引起当地部分不明真相群众的恐慌。7 月 15 日以后，针对当地部分群众出现恐慌问题，环保部门与当地政府启动了突发事件处理程序。环境保护部于 7 月 15 日在多家媒体发布“答记者问”，引导舆论和公众，澄清事实。7 月 17 日，由于谣传 ^{60}Co 将于 16：00 爆炸，且爆炸威力相当于原子弹，当地群众恐慌外逃。环境保护部派出的前方组以及当地党委、政府及时开展多种方式的宣传劝服工作，使外出群众短时间内平安返回。

公众恐慌事件发生后，国务院领导对此高度重视，并对事件处理做出重要批示；为安全处置卡源事件，环境保护部周生贤部长、李干杰副部长直接指挥，并要求科学决策，精心组织，确保社会稳定，务求圆满解决。环境保护部一方面协调督促“机器人”降源方案加快进度，另一方面组织制订了备用方案，力争一次性处置成功。地方政府制订了公共宣传和信息发布计划。环境保护部门定期开展环境辐射监测。

8 月 19 日，经周密计划、积极推进，卡源处置工作正式启动。环境保护部卡源处置前方组组织专家和监管人员驻现场指导督促处置工作。开封市政府成立了由环境保护部派出的专家参与的公众宣传工作组，开展多种形式的宣传和科普工作，为降源处置工作提供了宽松的社会环境。8 月 24 日晚，在专家组的指导下，被卡放射源安全降落至贮存井内。至此，历时 79 天的卡源事件得到根本解决。

（3）经验教训

1）设计不规范，人员资质达不到要求。

杞县辐照装置为核技术利用单位委托个人设计，1996 年取得卫生部门的放射卫生许可证并运行。由于当时还未发布《γ辐照装置设计建造和使用规范》（1998-11-17 发布，1999-07-01 实施），而且为非单位行为，设计很不规范，部分安全联锁缺乏或不起作用或根本没有联锁上。

同时，该企业除聘请的防护负责人外，其他都是非专业人员且文化层次低、法人（小学文化水平）和防护负责人（已 70 岁，卡源事件后已被核技术利用单位解聘，该企业只有一名大学本科生，没有辐射相关专业和背景的人员）不了解国家现行法规标准，卡源故障发生后，核技术利用单位措手无策，不知怎样排除故障，也不知该找谁。最后连事件处置单位都是当地政府帮忙联系的。在引发群体事件后，在环境保护部组织卡源事件降源处置的整个过程中，核技术利用单位一直表现出对事件处理的无能甚至连辐照室和关键设备的基本资料都不能提供。

2）忽视安全，违规操作。

8 月 24 日放射源降落井下后，经专家现场勘察认为：卡源故障原因为核技术利用单位码放货包过高，且码放方式不合理，加之安装的护源罩的固定铆钉已松动，导致货物倒塌后压倒护源罩，放射源不能回到贮存位。

利民辐照厂在装置整改期间辐照新货物，未经试验就违规码放，只顾经营，忽视了安全管理，最终引发故障。

3）公众宣传和舆论导向。

近年来，违规操作引发的辐射事故和事件不断，给企业带来了重大的经济损失。加上我国长期以来缺乏对核与辐射安全文化的培植，公众对核与辐射极度敏感，谈核色变；一些媒体缺乏相关知识，在事故事件发生时发布了一些不科学的言论，引起公众恐慌。因此，除了关注和引导媒体舆情外，还需要开展核技术利用相关科普知识宣传，用科学引导舆论和公众，促进核技术利用事业健康正常发展。

4.6.4 探伤源丢失事故

（1）事故经过

1996 年 1 月 4 日夜，某公司 3 名探伤人员在高约 18 m 的平台上进行探伤作业，午夜时方完成工作。按正常作业程序将 ^{192}Ir 放射源（2.7 TBq）收回探伤机，用剂量报警仪测试确定放射源已收入探伤机屏蔽体，随手又关闭了剂量报警仪。但是收回后发现锁定安全装置的钥匙已经折断，放射源无法锁定。他们在黑夜中把装有放射源的探伤机沿爬梯从 18 m 高处搬至地面，又继续搬运到距探伤现场约 150 m 的铅防护库房中。次日上午 3 人中的黄某再次来到铅防护库房取探伤机时，发现探伤机中没有放射源，放射源已经丢失。公司立即上报有关部门，同时多方寻找丢失的放射源，于当日下午 5:30 在工人宋某宿舍找到了放射源。据宋某回忆，他是在早上 8:00 左右在工地水泥地面上捡到一个金属链子，在手里拿了 10 min 后放到右裤兜里，12:00 回到住宿地点后将其放到床下，宋某在床上，一直到下午 5:00 因身体受到大剂量照射发病被送往医院。宋某捡到放射源的地点位于探伤作业处的正下方，可见是夜间从高空向地面搬运探伤机时，因放射源未锁定，从屏蔽体中滑落出来掉到地面的。

事故导致多人受到超剂量照射，其中捡到放射源的宋某受照严重，确诊为急性放射病，被迫截去右上肢和双下肢。

（2）经验教训

探伤工作人员违章操作，探伤机安全锁定装置存在故障，未能及时维修；在探伤机放回到库房时也没有对探伤机进行辐射水平检测，以致不知放射源已从探伤机屏蔽体脱出。

4.6.5 γ 探伤机被盗事故

（1）事故经过

2005 年，上海某研究所在某检修工地开展 γ 探伤业务。8 月 19 日凌晨 5:35，该所探伤作业人员结束了工作，仅留刘某一人在 γ 探伤操作现场进行收尾工作。收好 γ 探伤机等工具后，在无人看管的情况下，刘某离开探伤机去收回设置在周围的警戒线。约 5 min 后，刘某回到放置 γ 探伤机的地方时，发现它已不在原处。起初，刘某以为同伴与其开玩笑，过了一段时间才意识到问题的严重性，他一边用手机向本单位领导报告，一边召唤不远处的同事们一起找寻放射源。寻找未果，该所分别向相关单位报告了探伤机被盗的事件。

公安部门接报后，在现场组织开展了侦察工作，并在刑侦支队设立了现场指挥部。上海市环保局辐射环境监督站接到公安部门的电话后，立即调阅事故责任单位的相关档案，确定被盗 γ 探伤机中的放射源编码为 0405IR003402，随即启动了应急预案，派出 4 名专业人员携带监测仪器及辐射防护用品前往现场处置。环保部门人员使用监测仪器在事故现场附近进行了大范围搜寻。当晚，在卫九路附近发现有异常高的 γ 辐射剂量，经监测，判断放射源的位置在沪杭公路检查站附近一个废旧物资回收点附近，且处于裸露状态。公安部门立即采取了封锁现场、疏散并撤离警戒区内人员、交通管制等措施。环保部门则协调了上海华线医用核子仪器有限公司，请其派出专业人员协助处置该裸露放射源。同时，公安部门组织警力全力查寻与该废旧物资收购点和该放射源有过密切接触的人员。经过了周密的计划与充分的准备后，环保部门人员与上海华线医用核子仪器有限公司人员在该废旧物资回收点内靠墙的一堆装废品的编制袋中找出了这枚裸源，立即放入屏蔽罐中，送上海市城市放射性废物库贮存。事故造成了包括普通民众、参加事故处置的公安人员和环保部门人员数百人受到不同剂量的照射，其中废旧物资回收点业主事后不久死亡。

（2）经验教训

探伤单位场外探伤作业时应特别注意安全保卫措施，作业时探伤机应有专人看护，不能离开作业人员视线，同时，应有专人警戒，防止无关人员靠近工作区域。

4.6.6　工业探伤放射源失控事故

（1）事故经过

河北唐山华润热电有限公司唐山西郊热电厂二期扩建工程，由山西省电力公司电力建设三公司承建。扩建过程中的金属结构工业探伤工作，由山西省电力公司电力建设三公司锅炉检验站负责。该公司工业探伤仪使用 ^{75}Se 放射源 1 枚，活度为 3.7×10^{12}Bq（100 Ci），属 II 类放射源。2007 年 7 月 12 日凌晨 2:00 左右，操作人员进行工业探伤作业时，探伤仪出现故障，操作人员停工检查探伤仪时，发现闭锁不能复位。检修期间操作人员擅自将探伤仪安全保险拔出，此时佩戴的辐射报警器响了两声，但操作人员并未在意（后来经调查得知辐射报警器因电池无电，未能持续报警，此时放射源已从探伤仪内掉出，但操作人员未发现）。因未修好，操作人员便收回探伤仪，准备天亮后送北京维修。7 月 12 日 7:15 左右，锅炉建设工人在锅炉平台 49.6 m 高处发现一金属链，锅炉平台上的很多工作人员看过后认为可能是某设备上的零部件，便将其放在锅炉平台上，准备交给负责技术的人员。上午 9:00，负责技术工作的人员将金属链从锅炉平台拿到 59 m 高处，放在大板梁上，布置完工作后，约 9:30，将金属链带到工具库房，库房女保管员将该金属链放进库房办公桌抽屉保存。该库房女保管员由于当天感冒，整个上午一直趴在该办公桌上休息。同时，7 月 12 日上午，山西电力公司电建三公司联系了探伤仪生产厂家（江苏海门探伤仪器厂）北京办事处，并将探伤仪送到北京办事处检修，检修人员发现 ^{75}Se 放射源不在放射源罐内。该公司送检人员在得知放射源丢失后，马上电话通知该公司驻唐山项目部，并立即返回唐山施工工地寻找失落的放射源，并将山西省电力公司电建三公司丢失放射源的情况上报，河北省环保局立即启动辐射事故应急预案，经过在工地上寻找并询问场地工作人员，当天下午 17:30，证实库房女保管员放入库房办公桌抽屉的金属链即为丢失的放射源，并将其重新装入源罐之中。

该事故中失控放射源在工地未经屏蔽裸露达 15 h，先后共有 11 人触摸过该放射源，并有 107 人在放射源丢失工地附近活动过。经卫生部门排查，有 3 人受到超剂量照射，其中 1 人（库房女保管员）所受剂量较大需住院治疗。事故发生后，周围村庄村民极为恐慌，社会影响恶劣。

（2）经验教训

1）该公司从事放射源异地转移作业活动，未按照国家相关法律法规要求，到当地环保主管部门备案，接受施工所在地环保主管部门的监管，擅自将放射源运输到省外异地作业。同时，发生放射源失控事故后，未及时向环保等部门报告。

2）该公司未按要求配备相应的监测仪器，探伤作业结束后，未按程序要求确认放射源返回源容器。

3）该公司在现场的 3 位探伤机操作人员，只有 1 人参加过培训，其他 2 人为雇用的当地农民。同时配备的 3 台个人剂量报警仪，1 台损坏，2 台没电，失去保障功能。

4.6.7 石油测井放射源落井事故

（1）事故经过

2006 年 5 月 12 日 21：10，中原油田测井公司陕北项目经理部数控测井 3 队在执行中原油田分公司陕北油气项目管理部牛西 1 井的完井测井施工任务过程中，由于夜间作业，现场没有足够照明条件，使用汽车前大灯照明，操作人员使用长竿夹具拆卸放射源未能锁定放射源，长竿夹具与井架磕碰后，放射源脱落，加之井盖与井盘不配套，有一个 10 cm 的缝隙，脱落的放射源从缝隙滚落，造成中子放射源（裸源）落井。放射源落井事故发生后，事故单位没有按照规定向监管部门报告，内部商定了打捞方案，采用自然伽马仪器探测到放射源落在井下 1 268.5 m 处。

2006 年 5 月 23 日上午，延安市安监局接省安监局转批国家安监总局《安全生产隐患及其他举报信息》称：“5 月 13 日左右，中石化中原油田测井公司（位于河南濮阳市）在陕西富县测井起杆卸放射性中子源时掉入井口中发生事故，现无法打捞，事故发生后隐瞒不报。”5 月 23 日上午 11:40，延安市环保局在接到市安监局放射源落井事故通报后，立即向省环保局电话报告，请求技术援助。

省环保局根据对事故单位的调查证实，该落井放射源为一枚活度 5.92×10^{11} Bq（16 Ci）的镅铍中子源，属于Ⅲ类放射源。

5 月 29 日，中原油田勘探局聘请业内专家论证了落井放射源安全打捞方案，并将打捞方案上报市事故调查组。中原油田测井公司经过精心准备，于 6 月 23 日按照方案实施打捞，在连续进行 8 次打捞后，于 28 日 14:00，中原油田测井公司宣布打捞失败，并向事故调查组上报打捞失败的书面报告。6 月 29 日，中原油田测井公司对事故油井采取了封井措施。省辐射环境监督管理站技术人员对打捞过程辐射环境进行了监测，确定打捞过程未对放射源造成破坏，井场及周边环境没有放射性污染。随后富县人民政府在事故发生地设置了永久警示标志。

（2）经验教训

1）责任单位安全生产意识薄弱，违反测井操作规程作业，造成放射源失控落井；

2）发生事故后隐匿不报，错失打捞放射源最佳时间，使放射源无法打捞，只能采取封井措施；

3）放射源使用单位未履行放射源异地使用备案手续。

4.6.8　核子仪放射源被盗事故

（1）事故经过

某钢炼铁厂使用的 5 号高炉煤粉喷吹料仓安装的一套煤粉中子水分仪[内含 ^{241}Am-Be 及 ^{137}Cs 源各一枚，活度分别为 3.7×10^9 Bq（0.1 Ci）和 1.87×10^{10} Bq（0.5 Ci），分别属Ⅳ类、Ⅴ类放射源，于 2006 年 8 月初，该厂按计划组织对 5 号高炉进行停产检修，但在停产检修期间，该厂未按要求对 5 号高炉上安装的放射源进行定期巡查、记录或拆卸入库。9 月 27 日上午 10:00，放射源设备维护人员拟对 5 号高炉煤粉喷吹料仓安装的一套煤粉中子水分仪进行拆除时，发现该套中子水分仪被盗，该煤粉中子水分仪安装在 5 号高炉距离地面 40 m 的位置，可乘无人值守电梯到达，属无人操作的开放性作业场所。事故发生后，公司迅速向公安部门报案，并向省、市环保部门报告有关情况。

省环保局接报后，立即启动辐射事故应急预案，并派技术人员配合公安部门对放射源进行搜寻。经公安部门调查，被盗中子水分仪外壳为不锈钢，犯罪嫌疑人将盗窃的含有 2 枚放射源的中子水分仪作为废不锈钢几经转售，销赃至某省不锈钢市场（该镇有 20 多家废旧金属冶炼加工厂和 7 个钢渣渣场），由于 2 枚放射源系人工合成化合物，比重较轻，熔点较高，因此随废钢溶化后悬浮于钢水表面的钢渣中，没有造成钢材污染。10 月 15 日，追查人员在某冶炼厂私营业主的渣场中检测到了含有人工 γ 射线的放射性物质，根据检测报告和放射源被盗时间及赃物流向，确认渣场内放射性物质即为该公司被盗放射源冶炼后的残渣，并确认放射源被当作废旧钢材融化。10 月 17 日含有放射性物质的残渣（约 3 t）安全运抵该公司废旧放射源库暂存，并于 11 月 7 日交该省城市放射性废物库贮存。

（2）经验教训

1）该公司安全管理职能出现交叉，对放射源的监督落实不到位。

2）水分仪在 40 m 高处，但厂区面积大，职工人数多，人员出入不受限制，保卫部门厂内巡查麻痹大意，小偷从厂区围墙翻过生产区，坐无人值守电梯到源区，用扳手将源拆下，装入编织袋背走盗卖。

3）放射源 8 月停止使用后没有及时拆除并入库贮存，也未安排人员对放射源定期巡查，导致在近 2 个月的时间内处于失控状态。

第五章　辐射安全与防护监督检查

5.1　监督的责任

5.1.1　核技术利用单位的责任

按照环境保护部第 18 号令，生产、销售、使用放射性同位素与射线装置的单位，应当加强对本单位放射性同位素与射线装置安全和防护状况的日常检查。发现安全隐患的，应当立即整改；安全隐患有可能威胁到人员安全（如安全联锁失效）或者有可能造成环境污染的，应当立即停止辐射作业并报告发放辐射安全许可证的环境保护主管部门（以下简称“发证机关”），经发证机关检查核实安全隐患消除后，方可恢复正常作业。应该特别强调的是，监管部门的监督检查不能替代核技术利用单位的日常检查。作为辐射安全的第一责任人，核技术利用单位应制定定期检查制度并落实检查责任。

5.1.2　核技术利用单位主管部门的责任

国务院 449 号令还规定，生产放射性同位素的单位的核技术利用单位主管部门，应当加强对生产单位安全和防护工作的管理，并定期对其执行法律、法规和国家标准的情况进行监督检查。

5.1.3　监管部门的责任

环保部 18 号令要求省级以上人民政府环境保护主管部门制定监督检查大纲，明确辐射安全与防护监督检查的组织体系、职责分工、实施程序、报告制度、重要问题管理等内容，并根据国家相关法律法规、标准制定相应的监督检查技术程序。通过执行监督检查大纲，督促核技术利用单位按照国家法规、标准、环境影响评价文件及许可条件开展辐射工作，确保公众、工作人员的健康和环境的辐射安全。

省级以上人民政府环境保护主管部门应当对其依法颁发辐射安全许可证的单位进行监督检查。

省级以上人民政府环境保护主管部门委托下一级环境保护主管部门颁发辐射安全许可证的，接受委托的环境保护主管部门应当对其颁发辐射安全许可证的单位进行监督检查。

5.2 监督检查模式

监管部门对核技术利用单位的辐射安全和防护监督检查模式初步拟订为如下三大类。

1）例行监督检查，即发证后按监督检查大纲规定的监督检查频次进行的监督检查。

2）非例行监督检查，包括发证前的现场监督检查、退役的监督检查、突发（或举报）事件的监督检查和抽查式监督检查。

3）专项监督检查，针对某类活动或为达到某目的而专门组织的监督检查。

5.3 监督检查频次

监管部门对放射性同位素生产单位的例行监督检查，一般 1 年 4 次；对非医用的 I 类放射源使用单位、I 类射线装置、甲级非密封放射性物质工作场所单位的例行监督检查，一般 1 年 2 次；医用 I 类放射源使用单位和销售 I 类放射源的单位的例行监督检查，一般 1 年 1 次。同时，对安全管理水平和安全状况相对较差的单位视情况增加检查频次，对安全管理水平和安全状况相对较好的单位视情况可适当减少检查频次。

5.4 监督检查的主要内容

核技术利用项目辐射安全监督检查主要包括如下四个方面的内容。

5.4.1 辐射安全与防护设施运行情况

《环境保护部辐射安全与防护监督检查技术程序》根据国家现行法规、标准、技术导则，并参照国际出版物的相关要求，对各类核技术利用辐射安全与防护的硬件设施作了各不相同的具体要求。但总的指导思想都是一致的，即要具备防止误操作、防止工作人员和公众受到意外照射的安全措施。如放射性标志、入口处安全和防护设施、安全联锁、报警装置、工作信号、个人防护设备等。具体内容参见《环境保护部辐射安全与防护监督检查技术程序》。

5.4.2 规章制度的建立和落实情况

我国《电离辐射防护与辐射源安全基本标准》除了技术要求外，也有管理要求。主要基于这样的指导思想：再好的技术也要通过良好的管理来实现。因此，监督检查的一个重要内容，就是检查核技术利用单位是否按照国家法规标准和许可条件建立了覆盖辐射安全相关方面的规章制度并切实落实。《环境保护部辐射安全与防护监督检查技术程序》对各类核技术利用项目应该建立的规章制度有详细规定，包括单位的辐射安全与防护管理制度、操作规程、放射性同位素与放射源管理、重大活动管理、放射性“三废”管理、辐射事故应急预案、人员管理等方面的内容。

5.4.3 法规执行情况

法规执行情况是核技术利用单位是否守法的重要方面。《环境保护部辐射安全与防护监督检查技术程序》把《中华人民共和国放射性污染防治法》、《放射性同位素与射线装置安全和防护条例》、《放射性同位素与射线装置安全许可管理办法》，以及《放射性同位素与射线装置安全和防护管理办法》对各类核技术利用项目的要求具体和细化，列成表格，例如，环评、许可、审批、退役等环节是否按法规要求办理相关手续，放射性物质、放射源、射线装置台账，辐射安全与防护设施维护维修记录，场所、人员监测档案，辐射安全与防护年度评估报告及日常自查记录等，便于现场监督并保证不会遗漏重要内容。

5.4.4 监管部门提出的检查意见落实情况

为了保证核技术利用单位及时纠正和不断完善本单位的辐射安全与防护工作、切实担负起“辐射安全第一责任人”的责任、及时消除安全隐患，每次检查时，应核实上一次检查意见的落实情况。

5.5 监管部门监督检查的实施

5.5.1 准备

（1）查阅材料，制订检查计划

1）例行监督检查。查阅被检查单位提交的许可证申请材料、辐射安全和防护状况年度评估报告以及历次检查记录，特别是上次检查中曾出现的问题及处理情况。有针对性地重温有关法律法规和待查场所（装置）的国家标准以及专业知识，制订检查计划。

2）非例行监督检查。突发（包括举报）事件现场监督检查：主要针对突发事件的起因以及当前还存在的问题查阅材料，另外还将查阅前述 1）的内容以及被检查单位历史上出现的事件、事故报告及调查处理情况，制订检查计划。

退役监督检查：查阅退役项目的环境影响评价文件、退役的审批文件，了解退役项目的场所情况、设施情况、需处理的放射性废物及废旧放射源情况、需去污的场所或设备等，制定检查计划。

3）专项检查。根据专项检查的目的和内容，视具体情况制订计划。

（2）落实检查计划

根据监督计划准备监督检查表，确定是否需要技术专家；提出检查组的人员构成和监督重点，确定监督时间。一般在检查前 1 周发出检查通知，通知内容包括检查的依据（或背景）、内容、时间等。

检查组通常不少于 3 人，需要时聘请技术专家参加。由组长确定各检查人员的职责，做到责任明确、各尽其职。

（3）准备监督设备

根据监督检查对象的特点，准备现场监测仪器和取证设备，保证其处于良好状态。主要有：

1）现场监测仪器

进入检查现场的监督人员必须佩戴个人剂量计和个人剂量报警仪，需要时携带一台便携式剂量巡测仪或表面污染检测仪（检测下限应至环境辐射剂量水平）。

2）取证设备

现场检查监督组应携带数码相机、录音笔等现场取证工具，突发事件和专项检查还应携带摄像设备。

3）其他设备

现场检查监督组应携带笔记本电脑，所有监督检查表格应录入计算机并上传至国家核技术利用辐射安全监管系统。

5.5.2 检查实施

（1）检查前会议

检查时先召开检查前会议，向被检查单位介绍检查人员身份，说明检查目的、检查内容和程序。然后请被检查单位报告情况，内容包括核技术利用项目运行、管理和辐射安全与防护工作现状及上次检查后的整改情况（要求提供书面材料）。

（2）现场检查

检查前会议后到现场检查，检查内容包括：辐射安全和防护设施运行情况、管理制度与执行情况、法规执行情况（放射源转让审批档案、场所监测记录、安全防护设施维护与维修工作记录、个人剂量档案、人员培训记录等）以及上次检查整改意见的落实情况。需要时进行关键点剂量核实或采样。

首次检查前，应对检查的场所或设施进行巡视，熟悉其布局及运作，观察其内部管理，这是核技术利用单位的辐射安全程序是否执行的一个明证。现场检查时应随机抽查辐射安全与防护设施的有效性；还要留意现场人员情况与申请是否一致；并留有足够时间检查相关记录（如放射源和射线装置台账、个人剂量和场所监测记录、维护维修记录等）。另外，检查过程中要特别注意同操作和管理人员交流，以帮助评价核技术利用单位辐射安全与防护的实际状况。

（3）检查后会议

现场检查结束后召开检查后会议，双方在会议中充分交换意见后，检查组长向被检查单位代表宣布检查组的现场检查意见，被检查单位代表无异议后，检查组长和被检查单位代表分别在现场检查表（监督检查技术程序）上签字留存。

5.6 后续处理

监督检查中发现的一般性问题应及时予以纠正，对监督检查中发现的重大问题，应按照报告制度及时上报发证机关，并提出处理建议。

对存在问题需进一步监测予以说明的，要求被检查单位委托有资质的环境监测机构进行监测，并将结果报告监督单位；对问题较严重、整改周期较长的，监督单位应在其整改完成后进行验收性检查。

对于确有违法行为的事实和证据的核技术利用单位，应依法给予行政处罚。

5.7 监督检查中发现的重大问题管理

5.7.1 重大问题识别

为了有效管理核技术利用单位监督中发现的重大问题，使辐射安全的潜在危险能够得到及时有效的控制和处理，环境保护部制定了《监督重大问题管理程序》。规定严重恶意违法行为和安全隐患都属于重大问题。

严重恶意违法行为包括：

1）缓报、瞒报、谎报或者漏报辐射事故，以及不依法履行辐射事故应急职责的；

2）未经依法批准擅自进出口、转让放射性同位素的（包括向没有辐射安全许可证的单位销售放射性同位素）；

3）改变所从事活动的种类或者范围以及新建、改建或者扩建生产、销售、使用设施或者场所，未按照规定重新申请领取许可证的；

4）出厂或者销售未列入产品台账的放射性同位素和未编码的放射源的；

5）未按照规定对生产放射性同位素的场所、甲、乙级非密封放射性物质操作场所、使用Ⅰ类、Ⅱ类、Ⅲ类放射源的场所，以及终结运行后产生放射性污染的射线装置实施退役；

6）其他违法行为。

重大安全隐患是指监督检查表中安全防护设施运行情况标注“*”号的项目有不符合的，以及规章制度不健全、内部管理混乱的。

5.7.2 取证

监督检查人员在评价持证单位报告文件和执行监督检查过程中，如发现了违法行为，应及时做好现场执法笔录，并收集和保留违法证据。

5.7.3 处理

现场发现重大问题时，应及时电话报告辐射安全许可证发证机关，并采取如下措施：

1）组织监督检查人员和专家对重大问题进行初步分析，对存在安全隐患的要向发证机关书面通报情况，提出处理建议；对检查表中打有“*”符号的项目，原则上要求被检查单位必须符合，有不符合的要提出整改意见限期整改。

决定采取执法行动时应考虑行动可能产生的影响，如经济、健康和安全问题等的负面影响与执法行动带来的利益比。

2）跟踪重大问题的发展。必要时，根据发证机关指令先采取临时处理措施。

3）在发证机关对重大问题作出审评结论或处理意见后，有关单位应采取相应的纠正措施和行动。检查组对后续行动进行跟踪监督。

4）在监督中确实发现持证单位存在严重违反相关法规、达到法规处罚程度的，应报告发证机关对该持证单位进行行政处罚。

5）检查组应将重大问题处理情况的监督检查形成书面报告报发证机关。

第六章　辐射安全与防护监督检查技术程序的使用

6.1　技术程序编制背景

2006 年 7 月，原国家环保总局印发了《关于〈总局核与辐射安全监督站〉组建方案》，明确由总局直接监管的核技术利用项目的辐射安全与环境日常管理由总局各核与辐射安全监督站承担，2007 年年初，环保总局各地区核与辐射安全监督站开始实施对核技术利用单位的监管职责。由于该项职能 2005 年年底才从卫生部门转到环保部门，对环境保护部和各地区监督站来说都是全新的，其组织机构和人员队伍都很薄弱。为使监督工作在较高起点上正常开展，同时规范监督、提高监督水平，在环境保护部副部长、国家核安全局局长李干杰的指示下，笔者根据核技术应用项目的种类和现行国家标准的要求，在充分调研了环境保护部直接发证的核技术应用项目的场所和工艺后，考虑针对性和可操作性，拟定了 35 个辐射安全和防护监督检查技术程序目录，于 2007 年 10 月开始组织编制，2008 年年底完成第一版。

2010 年，为了规范各地区核与辐射安全监督站和各省、市、自治区的辐射安全与防护工作，同时为国际原子能机构对我国核与辐射安全监管进行综合审评提供材料，笔者按照环境保护部（国家核安全局）的要求，根据第一、二批监督检查技术程序试行中发现的问题，对原 35 个技术程序进行了修订，重新调整、归并、新增了部分技术程序，最后形成了 36 个技术程序。

2012 年 2 月，为配合环境保护部开展以“彻查安全隐患，强化监管，使核技术利用、铀矿冶和放射性物品运输辐射安全迈上新台阶”为目标的全国核技术利用单位辐射安全综合检查，按照《全国核技术利用辐射安全综合检查实施方案》的新要求，结合几年来技术程序使用过程中发现的问题，对 36 个技术程序进行了再次修改。

环境保护部《辐射安全和防护监督检查技术程序》（以下简称《技术程序》）试行几年来，在对核技术利用单位的监督检查和辐射安全许可证审查过程中，发现很多核技术利用单位对《技术程序》中要求的（其实也是 449 号令和 31 号部长令要求的）规章制度和辐射安全与防护设施理解不到位，制定的规章制度针对性不强，部分联锁装置的设计逻辑不合理；同时，部分监管人员反映不会使用《技术程序》。为了使《技术程序》充分发挥作用，推进我国核技术利用辐射安全状况的持续改善，笔者特意在本书中设置了本章节，以专门介绍《技术程序》中各核心内容的具体要求。

6.2 监督检查表的使用

6.2.1 单位基本情况表

单位基本情况表（附录 1）中单位基本情况由被检查单位填写并盖章或签字，每个单位填写一份，所填信息应包括辐射安全许可证中的所有核技术利用项目。例如，各省城市放射性废物收贮单位不仅应填写放射性废物库的信息，还应填写省辐射站其他涉源场所（如辐射监测实验室）的信息。

由于此部分不是技术要求，使用者可在此基础上根据具体情况增减信息。

6.2.2 监督检查表

监督检查表由监督检查人员填写，每个场所或装置填写一份监督检查表。例如，一个单位有两个辐照装置，每个辐照装置均应填写一份监督检查表。

与检查项目要求相符合的划√，不符合的划×，不适用的均划/，不能详尽的在备注中说明。

辐射安全与防护设施检查表中，加“*”号的项目是重点项，即原则上要求必须符合，如检查中发现不符合，应要求整改；未加“*”号的项目不是重点项，应鼓励核技术利用单位不断完善，如果没有，可以不要求整改。

在辐射安全防护设施与运行表中，设置了“检查项目”，“设计建造”，“运行状态”和“备注”栏。“设计建造”指有无该项安全防护设施，“运行状态”是监督检查时该安全防护设施是否正常有效。如果某家单位的某项安全防护设施与检查表不完全一致，但可起到相同或者不相同的作用，则在“备注”栏中说明。

管理制度部分，一般来讲，首次检查时，该部分应全部覆盖；非首次例行检查可根据上次检查意见和核技术利用单位规章制度修订情况进行抽查或全面检查。

法规执行情况部分，不同的场所设施其检查内容稍有不同。如被检查单位有多个不同类别的场所和设施，一个单位只填写一份表，按所包括内容最多的填写；也可以根据单位的情况，把不同场所的该部分内容合在一起，做成一个表填写。

6.2.3 关于空栏的说明

程序中的条目来自法规和标准；程序的使用与监管经验有关，当监管人员具有辐射安全与防护的一般背景知识，而对特定实践的细节不熟悉时，使用程序保证辐射安全和防护的重要监管要求不会遗漏；程序是根据法规标准在监管要求的框架内制定的，不是所有的安全和防护问题都能事先预测并在法规标准中提到，因此不一定覆盖了具体场景中对安全和防护有影响的所有因素；程序的应用不能替代监管人员的追根究底和敬业精神；安全和防护的评价应超越对遵守法规的评价；需要职业的洞察力和判断力。

因此，本程序不限制监督员根据个人知识和经验对辐射安全和防护的其他方面开展检查，也不限制监督员对其他标准的参照。如有超越程序的检查内容或问题，可在每部分留的空栏中填写。

6.3 辐射安全与防护设施（举例）

6.3.1 非密封放射性物质医学应用场所

非密封放射性物质医学应用场所即核医学诊断和治疗场所。附件 1 中非密封放射性物质医学应用场所辐射安全防护设施第 1 项“场所分区布局是否合理及有无相应措施/标识”，需要确认的有：是否划分控制区和监督区，是否按照前述 1.5.7 的要求，将放射性与非放射性工作场所严格分开，不同放射性操作或污染水平的工作场所严格分开。各区的布局是否从放射性危险大的区域逐步过渡到危险低的区域，没有交叉。假如没有按顺序过渡，是否采取了防止交叉污染的措施，如设置了高门槛等控制区出口限制，并设有表面污染监测仪，人员出控制区时经检测证明无污染才能出去。

第 3 项“独立的通风设施（关注流向）”，指核医学科应设置独立于其他科的通风系统，通风的流向也应该从低放射性水平向高放射性水平排序。排放到环境大气中的气体，都应当经过高效过滤器过滤。对于有核医学治疗的甲级工作场所，一般要求经过二级过滤，一级在工作箱的气体排出口，二级在集中通风处的风机前。

第 4 项“通风柜/带过滤的负压工作箱（乙级以上场所）”，对丙级场所，只要求设有通风柜即可；对乙级以上场所，要求有工作箱并保持一定的负压，操作有挥发性的放射性药物如 ^{125}I 和 ^{131}I 等时，工作箱还应带有高效过滤器。

第 5 项“治疗病房防护（屏蔽、通风）”，一般来讲，一间核医学治疗病房只应住 1 位病人，如果住两个病人，则两个病床之间应设铅屏风，以避免两个病人的外照射叠加。病房应设有通风系统并保持一定的负压，避免病人呼出的挥发性放射性气体扩散至其他区域。

第 8 项“移动放射性液体时容器不易破裂或有不易破裂的套”，对于需要移动的盛放射性液体的容器，最好是塑料材质，如使用玻璃容器，最好在外面套上塑料或橡胶等不宜摔破的套，避免在移动放射性液体时，容器摔破造成污染。

第 13 项“放射性固体废物收集容器和放射性标识”，医院一般都将放射性废物收集在有顶盖（可脚踏式开启）的内衬塑料袋的金属容器中，容器应有电离辐射标志；废物容器放置点应避开工作人员作业和经常走动的地方；装满后的废物袋及时转送贮存室。

第 18 项“放射性衰变池（开展放射性药物治疗单位）”，《临床核医学放射卫生防护标准》（GBZ 120—2006）规定：Ⅰ类工作场所和开展放射性药物治疗单位应设放射性污水池，以存放放射性污水直至符合排放标准时方可排放。日等效最大操作量大于 50 000 MBq 的为Ⅰ类工作场所（《基本标准》的甲级场所日等效最大操作量大于 4 000 MBq）。目前国内鲜见有核医学Ⅰ类工作场所，但开展放射性药物治疗的单位很多。对于使用短半衰期的放射性药物如 ^{18}F 进行疾病诊断的，可以不设衰变池。下表给出了 PET—CT 常用的一些核素数据，供参考。

PET 用核素特征参数

核素	半衰期	光子数/衰变	剂量率常数（μSv • m²/h）/MBq	1 小时累积剂量（μSv • m²）/MBq
^{11}C	20.4 min	2.00	0.148	0.063
^{13}N	10.0 min	2.00	0.148	0.034
^{15}O	2.0 min	2.00	0.148	0.007
^{18}F	109.8 min	1.93	0.143	0.119
^{64}Cu	12.7 h	0.38，0.005	0.029	0.024
^{68}Ga	68.3 min	1.84	0.134	0.101
^{82}Rb	76 s	1.92，0.13	0.159	0.006
^{124}I	4.2 d	0.5，0.62，0.3	0.185	0.184

6.3.2　医用电子直线加速器使用场所

第 1 项“防止非工作人员操作的锁定开关”，指开加速器电源的钥匙或计算机密码，主要是防止工作人员进辐照室后，其他人员开机引起误照。

第 4 项“治疗室门与束流联锁”，指治疗室门打开时，加速器不能出束，以及已出束开门时，加速器自动停止出束。

第 7 项“出入口有加速器工作状态显示”，指辐照室门口应有各种颜色的灯光表示加速器工作状态，灯外的罩上还应有文字说明，如一般红灯亮表示加速器正开机治疗，灯外的罩上有文字“照射中”或“工作中”显示。

第 8 项“照射室内紧急开门按钮”，是有意外情况时，照射室内的医务人员或病人能开门出来。

第 10 项“治疗室内有紧急停机按钮”，是指在意外情况下，医务人员能及时终止照射。

第 11 项“治疗床有紧急停机按钮”，是指在病人有不适等意外情况下，通过对讲系统，在医务人员的指导下，病人可以方便地及时终止照射。

第 12 项“治疗室内固定式剂量报警仪”没有“*”号，表明是非重点项，不是强制要求，可以没有。

6.3.3　近距后装γ射线治疗装置及场所

近距后装γ射线治疗是预先在病人需要治疗的部位正确地放置施源器，然后采用自动或手动控制，将贮源器内的放射源输入施源器内，依照临床要求，使γ放射源在人体自然腔、管道或组织间驻留而达到预定的剂量及其分布的一种放射治疗手段。

第 2 项“施源器与源联锁”，“施源器”是将一个或多个放射源送入预定治疗位置的部件，也可带有防护屏蔽。例如针、管或具有其他特殊形状的容器。在照射前，要连接施源器与放射源传输管道。如未连接，即使在控制台按下照射按钮，放射源也不能从贮存位出来，以免放射源从设备中冲出或脱落引起误照。

第 3 项“管道遇堵自动回源”，指连接施源器各通道与施源器的放射源传输管道及施源器如果不平滑，或弯曲度过大，放射源传输受阻时，能自动回到贮存位。

第 4 项“仿真源模拟运行”，指为了防止由于计时器控制、放射源传输系统失效，源通道或控制程序错误以及放射源连接脱落等电气、机械发生故障或发生误操作的条件下造成对患者的误照射，要预先用仿真源模拟放射源实际运行，以检验系统的有效性。

第 6 项“控制台显示放射源位置”，指后装治疗设备的控制系统，必须能准确地控制照射条件，应有放射源起动、传输、驻留及返回工作贮源器的源位显示。

第 8 项“停电或意外中断照射时自动回源装置”，指实施治疗期间，当发生停电、卡源或意外中断照射时，放射源必须能自动返回工作贮源器。

第 9 项“手动回源措施”，指当自动回源装置功能失效时，必须有手动回源措施进行应急处理。

第 13 项“放射源返回储源器的应急开关”，指治疗室内应设置使放射源迅速返回贮源器的应急开关。

6.3.4 X 射线和电子辐照加速器设施及场所

第 8 项“控制台和加速器厅门同一把钥匙”，操作人员进入加速器厅时，必须取下控制台的电源或高压控制钥匙，避免其他人员误开加速器，导致已进入大厅的人员受到误照。

第 9 项“门与束流控制联锁”，加速器厅开门时，加速器束流自动停止；加速器厅关门后，加速器控制台才能出束。

第 10 项“门与加速器高压触发联锁”，加速器厅开门时，加速器高压自动断开，加速器停止出束；加速器厅关门后，加速器控制台才能加高压出束。

第 13 项“传输系统与束流联锁”，指如果传输系统发生故障，加速器应停止出束，避免货物被超剂量照射。

第 14 项“火灾报警仪与通风联锁”，指当有火灾报警时，通风系统应停止工作，以免加大火势。

第 15 项“通风系统与加速器联锁”，指加速器开机时，系统必须启动通风，如果没有通风，加速器不能出束，以减少加速器大厅的臭氧产生量。

第 16 项“人员通道 2～3 道防误入装置（光电、红外等）”，这几道防人误入装置应是不同厂家或者是不同型号的产品。

第 17 项“货物进出通道 2～3 道防误入装置”同第 16 项要求。

第 18 项“控制台上有复位确认按钮”，指所有的异常情况，必须经操作人员检查确认后才能复位开启加速器。

第 19 项“联锁触动停机后须人工复位才能重启加速器”，指联锁触动停机后，操作人员必须查明原因、修复确认并人工复位后才能开启加速器。避免隐患或扩大事态。

第 20 项“清场巡更系统”，指开机前，操作人员应到加速器大厅内巡视，确认无人员滞留并按下无人复位按钮，加速器才具备开机条件。

6.3.5 γ辐照装置

第 7 项“辐照室入口设置检验源”，操作人员携带便携式辐射剂量仪和个人剂量报警仪进入辐照室时必须在设置检验源处检验仪器是否正常有效，避免仪器失效操作人员却不知，失去仪器的报警作用。

第 9 项“停电状态货物出入口防人误入措施（动态）”，很多动态装置货物出入口没有设置实体门，主要靠货篮实现堵门功能。但是部分装置的货篮不足以堵门从而禁止人员进入。这种情况下，要求在货篮和出入口墙之间采取加装栏杆等防人误入措施，避免停电后，源还未见到贮存位，人员误入引起事故。

第 10 项“控制区内，且与人员通道门联锁”，控制区内迷道处的剂量仪应设置阈值，降源后，当剂量高于阈值时，人员通道门应不能打开，避免卡源或设备故障时人员进入引起事故。

第 11 项“与源升降联锁”，控制区内的剂量仪至少有一个在升源时应投入，如果剂量仪故障，则不能升源；降源时，至少有一个投入，以保证如果发生卡源或设备故障，剂量联锁能起到避免人员误入的作用。

第 12 项“货物出口处，且与传送链联锁（动态）”，历史上曾发生过货篮将源架上的放射源带出辐照室的事故，在货物出口处设置剂量仪，当此处剂量异常时，传送链立即停止运行，避免放射源被带出。

6.3.6 放射源及放射性废物收贮场所

第 2 项“监控室控制总电源”，当监控人员发现库区异常（如有恐怖分子起吊库坑盖板），可以在控制室切断电源阻止犯罪。

第 4 项“双人双‘锁’”，此处的锁不一定是实物锁，也可以是密码，只要保证源库的门必须两人到达才能打开就行。

第 5 项“非法入侵报警装置（至少 2 重）”，指有如错误密码报警或红外报警等非法入侵报警装置。

第 9 项“库坑分区（半衰期、挥发性等）”，指应按相关国家标准要求将废物贮存区分为废源存放区、废物存放区、接收与转运存放区和（或）衰变存放区。必要时，可增设较高活度废物存放区。库坑可按照废旧放射源和放射性废物的半衰期、放射性活度、有无挥发性等分区，使短半衰期与长半衰期分开、可燃废物与不可燃废物分开，可压缩废物与不可压缩废物分开放置，便于最终处置（有些可以直接放置衰变至清洁解控）；也可按可否回收再利用分开放置，便于回收再利用时回取。有挥发性的一般置于接近出风口的位置，并确保气流组织由放射性水平低的区域流向水平高的区域；从事开放性操作的区域（如密封箱室内）和在正常条件下有可能受放射性污染的区域（如贮存镭源的贮存坑和废物处理操作间）应单独设置排风系统，并常年运行，以免交叉污染。

6.4 规章制度及落实情况

6.4.1 辐射安全管理规定

对核技术利用单位来说，辐射安全管理规定即辐射安全与防护大纲。应明确本单位辐射安全与防护管理的组织体系、职责分工，包括辐射防护领导机构及负责人、辐射安全与防护负责人等。应制定辐射防护目标；规定辐射工作人员上岗条件；规定本单位内部的辐射安全和防护管理及监督制度；以及整个运行操作寿期内的放射性同位素与射线装置的管理；需要终止的辐射活动及其所涉及的放射性同位素、污染的设备和放射性废物的管理；对废旧放射源的管理等等。以确保本单位的各项活动能满足国家法律和法规的要求。

6.4.2 操作规程

核安全文化对安全管理的基本要求：所有工作都使用程序，按程序办事。程序的采用可降低人为失误的可能性。因此，各核技术利用单位应对本单位的所有涉源（包括射线装置）操作制定相应的操作程序，保证按所制定的程序运行操作，并应按相应的质保大纲定期对运行操作程序进行复查和必要的更新。

6.4.3 去污规程

（1）去污原则

1）及早去污。

一般来说，放射性物质与表面接触时间越短，其固着程度就越小，去污效果就越好。而陈旧性的污染，往往已形成固定性污染，难以完全去除，所以发现污染要及时处理。

2）选择合适的去污方法。

应根据被污染的材料及其表面状态、污染的程度、放射性核素的种类及理化状态、污染的时间、去污剂的性质等因素综合考虑，选择有效的去污方法。

3）选择适宜的去污剂。

理想的去污剂应去污能力高，对物体表面无腐蚀、破坏作用，来源容易，使用方便。常用去污剂有表面活化剂、络合剂、有机溶剂、氧化剂、酸碱溶液和同型稳定化合物等。

4）严格遵守去污规程。

去污过程中按污染程度不同，去污顺序一定先从污染较弱处开始，逐渐扩展到污染较强处；吸有去污剂的擦拭材料不能反复使用；局部污染不能用水冲，以避免污染面积进一步扩大。

5）妥善处理去污的废物和废液。

去污过程把放射性物质转移到去污剂和擦拭物上，所以用过的去污剂和擦拭物要按放射性废物处理，去污的冲刷液要按放射性废水排入专用下水道及废水处理池。

6）做好安全防护。

去除大面积污染时，应划出“控制区”，去污人员要注意个人防护。需要时采用必要的工具和设备，穿戴个人防护用品。

（2）去污方法

常用的去污方法有两类：

1）机械物理去污法。

这类方法主要是采用清洁水冲洗、刷洗和擦洗，也可以加去污剂、肥皂水或洗涤剂来提高去污效果。这种方法较为常用，适用于一切物体表面的去污。对于某些难以冲洗的物体表面，可采用超声波清洗，利用超声波产生的空腔作用，将污染物从物体表面剥离。对表面粗糙或多孔性物体，用一般去污方法无效时，可将污染的表面刮掉或铲掉。

2）化学去污法。

这种方法是利用去污剂与放射性物质之间发生化学作用，以达到清除放射性污染的目的。

（3）体表去污

1）手部及其他皮肤裸露部位。

这些部位污染较轻时，可用普通肥皂、软毛刷、温水反复清洗，一般都能达到去污效果。如果污染较重，上述方法不能去干净时，可先试用 10%EDTA-Na_2溶液，用毛刷或棉签蘸 EDTA 溶液刷洗污染处 2～3 min，然后用清水冲洗。也可用 6.5%的高锰酸钾溶液刷洗，或将手直接浸泡 2 min，然后用清水冲洗，擦干后再用 4.5%亚硫氢酸钠脱去皮肤表面颜色，最后用肥皂和水重新洗刷。这种去污方法，最多能重复 2～3 次，否则会损伤皮肤。

被 ^{131}I 或 ^{125}I 污染时，先用 5%硫代硫酸钠或 5%亚硫酸钠洗涤，再以 10%碘化钾或碘化钠作为载体进一步去污。

被 ^{32}P 污染时，先用 5%～10%磷酸氢钠溶液洗涤，再以 5%柠檬酸溶液洗涤，效果较好。

皮肤去污后，应在刷洗过的皮肤上涂以护肤类油脂，保护皮肤，防止皲裂。

2）头发。

对头发污染可用洗发剂或 3%柠檬酸水溶液或 EDTA 溶液洗头。若污染严重，必要时剃去头发。

3）眼睛。

眼睛去污时，可用生理盐水冲洗。

4）伤口。

伤口受到污染时，应根据情况先用橡皮管或绷带像普通急救一样予以止血，再用生理盐水或 3%双氧水冲洗伤口。

（4）场所、设备去污

工作场所的墙面、地面、台面以及设备、用具表面的去污虽不像对待体表去污那样轻柔，去污剂的选择也少些禁忌。但是其表面的性质（如材料种类、形态大小、光洁程度、可否拆卸、放置状况和经济价值等）相当复杂，因此，对其去污时选用的试剂和方法也是多种多样的。

1）放射性粉尘污染。

可用吸尘器或湿抹布收集，注意防止污染扩散。

2）放射性液体污染。

先用干的、易吸水的吸水纸、滤纸、脱脂棉球吸干，再用湿布擦拭。发生大量放射性液体外溢时，可采用手提式真空吸收器收集，或撒上干锯末将液体吸收，再用水和去污剂处理。

对于水泥地面、墙壁和木质工作台面等多孔性表面污染，用一般清洗剂或化学方法去污效果往往不好。如果被短半衰期核素污染或污染不严重，可用塑料布等隔离材料将其覆盖，待其自然衰变；对长半衰期核素或污染严重时，可将污染部分去掉。

上述只是一般情况的去污，在实际工作中，要针对具体情况进行处理。核技术利用单位要针对自己使用的核素及其物理化学性质等情况，制定有可操作性的去污规程。如自己没有能力，可向有处理经验的专家或单位，如放射性同位素生产厂家咨询后制定。

6.4.4 场所分区管理规定

我国《基本标准》把辐射工作场所分为控制区和监督区，以便于辐射防护管理和职业照射控制。把需要和可能需要专门防护手段或安全措施的区域定为控制区；把在其中通常不需要专门的防护手段或安全措施，但需要经常以职业照射条件进行监督和评价的定为监督区。

核技术利用单位应根据核技术利用项目的具体情况进行分区，并规定控制区和监督区的管理要求（含人流、物流路线图）。以医院的核医学科为例，通常的控制区包括：可能用于制备、分装放射性核素和药物的操作室、放射性药物给药室、放射性核素治疗病房（特别是床位区）、放射性制剂贮存区和放射性废物贮存区；通常的监督区有：制剂标记室、显像检查室、诊断病人的床位区及用药后病人候诊区。

分区管理规定应将放射性与非放射性工作场所严格分开，不同放射性操作或污染水平的工作场所严格分开。各区的布局原则上应当从放射性危险大的区域逐步过渡到危险低的区域，不应有交叉。假如不能按顺序过渡，则应规定采取措施（如设置出口限制，须通过污染监测证明无污染才能出去）或设置隔离区，以防止人员流动引起交叉污染。

分区管理规定还应包括人流物流的方向（人员进入工作场所时，只能从低活度区走向高活度区，出来时相反）、出控制区的监测管理、控制区物品的管理（原则上物品必须经过监测证明在控制水平以下才能拿出控制区），等等。

6.4.5 辐射安全与防护设施的维护与维修制度

辐射安全与防护设施的维护与维修是保障安全与防护设施正常和有效运行的必要手段。如果某核技术利用项目设置了所有要求的安全与防护设施，但是没有定期的维护维修制度保障，使用一段时间后设施故障不再起作用。此时，由于操作人员意识上还保留着对安全与防护设施的信赖，比没有这类设施（操作人员会更警觉）更易发生事故。维护维修制度包括机构人员和职责、维护维修内容、方法与频度，对高类别的放射源和射线装置，还应包括重大问题管理措施（如安全联锁故障该如何处理）、重新运行审批（如安全联锁修复后，必须经核实验收才能恢复运行）级别等。

6.4.6 患者管理规定

一般来讲，对核医学诊断很少需要对公众采取防护措施。但某些核医学治疗后，须采取措施限制公众、患者和其他人员的剂量。

由于 ^{131}I 是核医学中经常使用的高能γ辐射体，物理半衰期为 8 天，在核医学给药治疗后，对医务人员、公众和患者亲属造成的受照剂量最大。其他核素如 ^{32}P、^{89}Sr 和 ^{90}Y 等主要是β辐射体，造成的辐射危险相当低。

当接受放射性碘治疗的患者出院时，需要控制的主要因素是患者引起他人所受的外照射、对患者亲属的内污染。其他人受到内污染的危险远低于外照射。

我国《临床核医学放射卫生防护标准》（GBZ 120—2006）规定，接受 ^{131}I 治疗的患者，其体内的放射性活度应降至 400 MBq 以下方可出院。

在病人住院期间，需要如下管理：

1）除非医院工作人员要求，否则不要离开房间。

2）用纸巾代替手帕。

3）住院期间禁止怀孕期妇女或儿童探视。

4）第一天之后允许其他来访者探视。同时探视的来访者人数不超过两人。他们的探视时间不得超过 15～30 min，并且与患者的距离保持在 2～3 m。

5）每天洗澡洗头发。

6）在盥洗室洗净并弄干内衣裤。

7）每次用完厕所之后都要冲洗两次，手要洗净。

8）在厕所里要尽量避免尿液喷溅。

采用 ^{131}I 治疗甲状腺功能亢进一般不要求病人必须住院。尽管给病人施用的放射性活度比甲状腺癌病人要低很多，但是吸收量较多，在体内的存留时间也较长。与甲状腺癌相比，其治疗后需要更长的防范期。下面是国际放射防护委员会第 94 号出版物《非密封放射性核素治疗后的患者出院考虑》给出的放射性碘治疗后辐射防护指导书示例。

治疗后两个星期应遵守下列要求：

即刻：口服放射性碘之后 1 小时内不要进食。如果病人在 4 小时之内发生呕吐，尽量吐到废物桶内，并立即通知核医学科。

出行：尽可能避免搭乘公共交通工具。如果不得不搭乘公共交通工具，时间应限制在 2 小时内。不要与亲属或陪护者进行长时间出行（6 小时或以上）。尽量坐在距离其他人至少 1 m 以外的位置。

在家中：避免长时间身体接触。尽量远离家中的每个人，每时每刻与他人保持 1 m 以上的距离，尽可能多地时间保持在 2 m 以上的距离。每天与任何人距离 1 m 以内的时间不要超过 6 小时。

与其他家庭成员分床睡眠，如有可能要分房睡眠。

多饮水。不要与其他人共用食物或饮料。单独地、彻底地清洗盘子并重复使用。避免接吻或性交。

尽可能每天淋浴，尤其是最初两天。浴后彻底清洗淋浴器或浴缸。

病人的衣服和卧具应与其他待洗的衣物分开洗。

如果可能，使用一个专用浴室。患者（包括男士）应该蹲下小便。应该用卫生纸擦干生殖器，并将用后的卫生纸冲入厕所下水道。尽可能在厕所内洗手。与其他家庭成员分开使用毛巾、面巾及牙刷。

婴儿、儿童和孕妇：如果有婴儿，最好让其他人照料，如果做不到，不要让婴儿离您太近。

应该谢绝儿童和孕妇的探视。如果必须如此，应与儿童和孕妇尽可能减少接触时间，并保持最大距离。

重要的是，在几周内避免亲吻婴儿或儿童，因为这样做会将放射性碘转移给他们，给孩子带来不必要的危险。

哺乳：在接受放射性碘治疗之前必须停止哺乳。

老年配偶：对年龄在 60 岁以上的人来说，辐射危害的危险较小，仅仅鼓励采取以上易于做到的措施。

社交活动：避免去影院看电影，避免参加与其他人近距离接触几小时的其他社交活动。

重返工作岗位：在至少治疗后 2 天内，不要去上班。如果您不与其他人密切接触，可以上班。如果您从事的工作要与其他人密切接触，离开工作岗位 1 周就可以了；如果您的工作是为他人准备食品或与儿童和孕妇在一起，可能需要离开工作岗位几周。询问您的医生，须离开多长时间。

紧急事件：如果遇到交通事故或其他医学急症，应该告诉医护人员接受放射性碘治疗的日期、类型及用量。

妊娠：如果您怀孕了，但在接受放射性碘治疗时不知道自己怀孕，应立即告诉您的医生。向您的医生咨询，放射性碘治疗后多长时间才能考虑怀孕。典型情况下，应该避免在治疗后的 4～6 个月内怀孕。

6.4.7 监测方案

核技术利用单位应制定、实施和定期复审工作场所监测方案。工作场所监测内容和频度的确定应根据工作场所内辐射水平及其变化和潜在照射的可能性与大小来确定，并应保证：① 能够评估所有工作场所的辐射状况；② 可以对工作人员受到的照射进行评价；③ 能用于审查控制区和监督区的划分是适当的。

监测方案内容应包括：① 拟测量的量；② 测量的时间、地点和频度；③ 最合适的测量方法与程序；④ 参考水平和超过参考水平时应采取的行动。

外照射场所监测计划应能提供：① 辐射场的空间和时间分布；② 辐射类型和能谱资料；③ 外照射个人剂量。

非密封源工作场所监测计划，对α放射性物质，应考虑：① 工作场所和邻近地区的空气气溶胶浓度；② 废水中放射性物质比活度；③ 设备和各类物件表面、体表和工作服等的表面污染；④ 内照射个人剂量。

对β放射性物质，应考虑：① 类似α放射性物质的四项要求；② 工作场所的照射量率；③ 废物包装表面的照射量率；④ 外照射个人剂量。

6.4.8 辐射工作人员个人剂量管理制度

18 号令规定：生产、销售、使用放射性同位素与射线装置的单位，应当按照法律、行政法规以及国家环境保护和职业卫生标准，对本单位的辐射工作人员进行个人剂量监测；发现个人剂量监测结果异常的，应当立即核实和调查，并将有关情况及时报告辐射安全许可证发证机关。

这里指的“异常”，一是有可能超过环境影响评价时的剂量约束值；二是尽管没有超过环境影响评价的剂量约束值，却出现了与一般情况相异的值，如一般情况下，诊断 X 射线拍片机工作人员的个人剂量在检测限以下，某季度突然有读数；三是远远超出了一般情况下工作人员的剂量值，如 2011 年某医院负责分装加速器生产 PET-CT 用的 ^{11}C 的工作人员的个人剂量某季度超过 200 mSv，后来的调查表明是药物输送管道爆裂。如果遇到这些情况，就需要核实和调查，以确定该剂量是否是工作人员受到的实际剂量，如是个人剂量计误放在照射室（或其他操作人员不应停留的场所）内，或者剂量计佩戴位置错误（如佩戴在铅衣外面）等，则应由本人签字确认。不管是哪种“异常”，都需要将情况及时报告辐射安全许可证发证机关。

生产、销售、使用放射性同位素与射线装置的单位，应当安排专人负责个人剂量监测管理，建立辐射工作人员个人剂量档案。个人剂量档案应当包括个人基本信息、工作岗位、剂量监测结果等材料。个人剂量档案应当保存至辐射工作人员年满 75 周岁，或者停止辐射工作 30 年。

辐射工作人员有权查阅和复制本人的个人剂量档案。辐射工作人员调换单位的，原用人单位应当向新用人单位或者辐射工作人员本人提供个人剂量档案的复印件。

因此，核技术利用单位的个人剂量管理制度需要明确管理机构、管理人员、个人剂量监测周期、监测单位、个人剂量异常的报告制度和处理办法，以及有可能超剂量约束值的管理措施（如适当减少工作时间等）。

6.4.9　辐射工作人员培训/再培训管理制度

18 号令规定：生产、销售、使用放射性同位素与射线装置的单位，应当按照环境保护部审定的辐射安全培训和考试大纲，对直接从事生产、销售、使用活动的操作人员以及辐射防护负责人进行辐射安全培训，并进行考核；考核不合格的，不得上岗。

辐射安全培训分为高级、中级和初级三个级别。

从事下列活动的辐射工作人员，应当接受中级或者高级辐射安全培训：

1）生产、销售、使用 I 类放射源的；

2）在甲级非密封放射性物质工作场所操作放射性同位素的；

3）使用 I 类射线装置的；

4）使用γ射线移动探伤设备的。

从事上述所列活动单位的辐射防护负责人，以及从事前款所列装置、设备和场所设计、安装、调试、倒源、维修以及其他与辐射安全相关技术服务活动的人员，应当接受中级或者高级辐射安全培训。

其他辐射工作人员，应当接受初级辐射安全培训。

取得辐射安全培训合格证书的人员，应当每 4 年接受一次再培训。

因此，核技术利用单位应当按照上述要求，制定辐射工作人员培训/再培训管理制度，规定参加培训和复训的人员范围和培训级别、培训机构、培训时间等。

6.4.10　辐射事故/事件应急预案

核技术利用单位是防止发生事故的主体，也是处理辐射事故和减少事故损失的主要责任人。因此，核技术利用单位应针对本单位的实际情况、可能发生的事故类型和级别，制定应急预案。应急预案的内容应该尽可能全面、具体、细化，有可操作性；应急预案中的应急措施和应急响应准备必须有效和可行。应急预案的内容请参见前述第四章 4.3 节，在此不再赘述。

6.4.11 放射性“三废”管理规定

（1）放射性固体废物的管理

放射性废物的管理原则是：必须区分放射性废物与非放射性废物，不可混同处理；力求控制和减少放射性废物产生量，即废物的最小量化。

固体放射性废物应按废物分类标准和废物的可燃与不可燃、有无病原体毒性分开收集。在实验室中，一般都将放射性废物收集在有顶盖（可脚踏式开启）的内衬塑料袋的金属容器中，容器应有电离辐射标志；废物容器放置点应避开工作人员作业和经常走动的地方；装满后的废物袋及时转送贮存室。

为了减少放射性废物的处置量，半衰期短（例如小于 15 天）的废物可用放置衰变的方法处理；半衰期长的应送放射性废物集中贮存单位贮存。

废物应放置于特殊的贮存室，其建造结构应符合辐射防护要求，且具有自然通风条件或安装通风设备，出入处设电离辐射标志；废物袋或废物包、废物桶及其他存放废物的容器必须在显著位置标有废物类型、核素种类、比活度范围和存放日期的说明；内装注射器及碎破璃等物品的废物袋应附加外套。

可燃固体废物必须在具备焚烧放射性废物条件的焚化炉内进行；同时污染有病原体的固体废物，必须先消毒、灭菌，然后按固体放射性废物处理。

含有放射性核素的动物尸体应防腐、干化、灰化。灰化后残渣按固体放射性废物处理；含有长半衰期核素的动物尸体，可先固化，然后按固体放射性废物处理；对于含有较高放射性的尸体应及时焚化，收集残渣按固体放射性废物处理；含有放射性的人尸体也应灰化后深埋。

（2）放射性废液的管理

使用放射性核素量比较大，产生放射性废水比较多的核技术利用单位（如生产放射性同位素的单位、开展放射性药物治疗的医院），应有废水专用处理装置或分隔污水池轮流存放和排放废水。污水池必须恰当选址，池底和池壁应坚固、耐酸碱腐蚀和无渗透性，应有防止泄漏措施。

产生放射性核素废液量不大而无废水池的单位，应将废液注入容器存放 10 个半衰期后排放。对于含有长寿命放射性核素，放射性浓度又较高的废液，要先收集集中存放，累积到一定数量后净化处理。经净化的废水，达到排放标准后可申请排放。净化过程中产生的少量浓缩液或树脂，可进行固化处理。

需要强调的是，所有排入环境的放射性废水，都必须经监测后由省级环保部门批准方可排放。

收集放射性废液和固体废物的容器、排放放射性废水的管线和阀门等，应有相应的标记与严格的管理制度，以免与非放射性废物混淆而发生误排、误倒事故。

（3）放射性废气的管理

非密封放射性物质操作场所应具备良好的通风设备，一般应有独立的通风系统，系统中应设置合适的放射性气溶胶吸收过滤装置并定期检查更换，以保证排放到环境中的气体满足排放要求。

为了控制放射性废气向大气排放，应定期监测放射性气体及过滤器前后的气溶胶浓度，以便在发现过滤器过滤效率不能满足要求时及时更换过滤材料。

产生放射性“三废”的单位应有专（或兼）职废物管理人员负责废物的收集、分类、存放和处理，管理人员应熟悉废物管理原则和掌握剂量监测技术，并必须在作业时使用个人防护用具和防护设施，防止超剂量照射。

单位还应有废物存贮登记卡，记录废物的主要特性和处理过程并存档备案；有防止发生废物丢失、被盗、容器破损和灾害事故的安全措施；贮存室的显著位置应设电离辐射警示标志。

废旧的密封放射源不属于放射性废物，如放射源到使用寿期或因故不再使用，应返回生产厂家或出口国或送交放射性废物集中贮存单位贮存，并存档备查。

6.5 法规执行情况

6.5.1 许可和审批

（1）许可证

按照449号令，持证单位变更单位名称、地址、法定代表人的，应当自变更登记之日起20日内，向原发证机关申请办理许可证变更手续，并向许可证审批机关交回原颁发的许可证正、副本，由许可证审批机关换发新的许可证。变更后的许可证其有效期将保留原许可证上规定的有效期。

改变原许可证所规定的活动种类或范围时，意味着持证单位现有的安全和防护条件将不一定适应新的活动要求。一方面，新建或改建、扩建生产、销售、使用设施或者工作场所，另一方面意味着活动的范围将要改变，同时新、改、扩建的设施或场所的安全和防护条件是否能满足要求，也需要由审批部门进行审查和核实。因此，只要被许可单位改变了所从事活动的种类或者范围，或有新建或者改建、扩建生产、销售、使用设施或者场所，都要按照许可证申请、审批程序，重新申请许可证。

许可证有效期为5年。有效期届满，需要延续的，持证单位应当于许可证有效期届满30日前，向原发证机关提出延续申请。持证单位在办理许可证延续时不需要重新进行环境影响评价。

（2）建设项目环境影响评价

环境影响评价是长期进行环境保护活动的实践中发展起来的一种科学方法和法律制度，通过这种方法和制度来预防或者减轻环境污染与生态破坏。同样，环境影响评价也是核技术利用放射性污染防治的重要措施。《放污法》规定核技术利用单位在申请领取许可证前应编制环境影响评价文件，这与《中华人民共和国环境影响评价法》（以下简称《环评法》）的要求是一致的。新建或者改建、扩建生产、销售、使用设施或者场所，都要重新进行环评。

（3）建设项目竣工环境保护验收

《放污法》规定：新建、改建、扩建放射工作场所的放射防护设施，应当与主体工程同时设计、同时施工、同时投入使用。放射防护设施应当与主体工程同时验收；验收合格的，主体工程方可投入生产或者使用。依据《环保法》第二十六条的规定，验收工作由原审批环境影响文件的环境保护行政主管部门进行。申请验收时，应提交建设项目竣工环境保护验收监测报告。

因此，监督检查时，应核实核技术利用单位建设项目是否通过了环评报告审批机关的竣工环境保护验收。如还没有，是否已经有竣工环境保护验收监测报告。以表明已经依法进入验收程序。

（4）退役

18号令规定：使用Ⅰ类、Ⅱ类、Ⅲ类放射源的场所，生产放射性同位素的场所，按照《基本标准》确定的甲级、乙级非密封放射性物质使用场所，以及终结运行后产生放射性污染的射线装置，应当依法实施退役。在实施退役前，应编制环境影响评价文件，报原辐射安全许可证发证机关审查批准；未经批准的，不得实施退役。

退役工作完成后60日内，依法实施退役的生产、使用放射性同位素与射线装置的单位，应当向原辐射安全许可证发证机关申请退役核技术利用项目终态验收，并提交退役项目辐射环境终态监测报告或者监测表。

如核技术利用单位有场所或设施退役的，应核实是否编制环境影响评价文件并经发证机关审批，以及是否通过终态验收。

（5）进出口及转让放射性同位素

为了确保所有的放射源都被合法使用，监督检查时应核实核技术利用单位有无放射性同位素进出口及转让、相关的进出口和转让审批档案是否齐全、放射性同位素的交接清单是否与审批表一致。对于生产和销售单位，还应特别关注其是否依法将放射性同位素转让给合法（持有辐射安全许可证、所转让的放射性同位素在许可范围以内）的用户。

6.5.2 监测档案

如前所述，核技术利用单位应该按照法规及相关核技术利用项目的国家标准要求，制定本单位的监测方案。监督检查除了需要核实监测方案是否已包括要求的监测内容外，还需查阅监测记录、监测报告等，以确保工作场所、工作人员及其周围环境的辐射水平在标准规定的范围内。

6.5.3 放射性物质管理

（1）对生产单位的要求

放射性同位素的生产和进口是我国放射性同位素的两个“源头”，国务院449号令规定国务院环境保护主管部门对放射性同位素进口实行统一审批，从进口的“源头”进行控制；同时规定对放射性同位素生产的“源头”应建立放射性同位素产品台账、按照国务院环境保护主管部门规定的编码规则对放射源进行统一编码，并定期将放射性同位素产品台账和放射源编码清单报国务院环境保护主管部门备案等，及时掌握我国放射性同位素底数或总量。

未列入台账的放射性同位素将不能进入国家核技术利用处监管信息系统，并将失去监管部门的监管控制；未被编码的放射源，将无法对该放射源实行“身份”管理，也不能进入信息系统。因此，未列入产品台账的放射性同位素和未编码的放射源，不得出厂和销售。

除放射源台账而外，监督中还应对生产厂家的非密封放射性物质物料平衡台账、放射源回收台账、废旧放射源和放射性废物处理台账等进行检查。

（2）对其他单位的要求

历史上，由于台账不清曾引起很多事故，如 1992 年山西忻州辐射事故。因此要求所有核技术利用单位均建立放射源和射线装置台账，而且应该是流水账，并有备份。

6.5.4　辐射安全设施管理

主要在现场查看安全防护设施维护与维修工作记录，记录应包括检查项目（比如门与源的联锁、光电报警装置、固定式剂量仪等）、检查方法（比如用纸遮挡光电报警装置）、检查结果（是否正常）、处理情况（更换还是维修，处理后是否恢复正常）、检查时间、检查人员。督促核技术利用单位落实辐射安全与防护设施维护维修制度，保证安全防护设施正常有效。

6.5.5　辐射事故（件）管理

根据核技术利用单位的实际情况，确定自上次检查至今是否发生事故事件，是否按规定程序上报。

6.5.6　辐射工作人员管理

现场查看培训合格证书，确认是否所有辐射工作人员和相关管理人员都按照 18 号令的要求参加了相应级别的辐射安全培训并取得合格证书。

另外，对关键岗位注册核安全工程师的要求，放射源生产单位应有 4 名、放射性药品生产单位应有 2 名、非医用 I 类源使用单位应有 3 名、 I 类射线装置使用单位应有 2 名。

6.5.7　辐射安全自查

18 号令要求生产、销售、使用放射性同位素与射线装置的单位，应当加强对本单位放射性同位素与射线装置安全和防护状况的日常检查。检查时应查看核技术利用单位的自查记录，确认是否按辐射安全管理规定中规定的频度进行了日常检查，是否发现安全隐患，采取了何种措施，等等。

18 号令还要求生产、销售、使用放射性同位素与射线装置的单位，应当对本单位的放射性同位素与射线装置的安全和防护状况进行年度评估，并于每年 1 月 31 日前向发证机关提交上一年度的评估报告。

安全和防护状况年度评估报告应当包括下列内容：

1）辐射安全和防护设施的运行与维护情况；

2）辐射安全和防护制度及措施的制定与落实情况；

3）辐射工作人员变动及接受辐射安全和防护知识教育培训（以下简称“辐射安全培训”）情况；

4）放射性同位素进出口、转让或者送贮情况以及放射性同位素、射线装置台账；

5）场所辐射环境监测和个人剂量监测情况及监测数据；

6）辐射事故及应急响应情况；

7）核技术利用项目新建、改建、扩建和退役情况；

8）存在的安全隐患及其整改情况；

9）其他有关法律、法规规定的落实情况。

年度评估发现安全隐患的，应当立即整改。

监督员根据核技术利用单位的实际情况填写是否按规定提交年度评估报告。

参考文献

[1] 李德平，潘自强. 辐射防护手册（第三分册）. 北京：原子能出版社，1990.

[2] 国际放射防护委员会. 国际放射防护委员会2007年建议书. 北京：原子能出版社，2008.

[3] 中华人民共和国主席令第六号. 中华人民共和国放射性污染防治法，2003.

[4] 中华人民共和国主席令第六十九号. 中华人民共和国突发事件应对法，2007.

[5] 中华人民共和国国务院令第449号. 放射性同位素与射线装置安全和防护条例，2005.

[6] 环境保护部部令第18号. 放射性同位素与射线装置安全和防护管理办法，2011.

[7] 国家环境保护总局令第31号. 放射性同位素与射线装置安全许可管理办法，2006.

[8] 曹康泰，解振华，李飞. 中华人民共和国放射性污染防治法释义. 北京：法律出版社，2003.

[9] 张穹，王玉庆. 放射性同位素与射线装置安全和防护条例释义. 北京：中国法制出版社，2005.

[10] 电离辐射防护与辐射源安全基本标准，GB 18871—2002.

[11] 张丹枫，赵兰才. 辐射防护技术与管理. 南宁：广西民族出版社，2003.

附录 1

辐射安全与防护监督检查技术程序

附录 1-1 单位基本情况

1 单位基本信息

单位名称：____

法定代表人（或负责人）：__________________电话：__________________

单位地址：_______________省（市）______________市（区、县）__________镇（乡）及街（道、路）_______________号　邮政编码：____________________

联 系 人：______________________________电　话：__________________

传　　真：______________________________E-mail：__________________

辐射安全许可证号：_______________________

许可种类与范围：____

2 辐射安全与防护

辐射安全与防护管理机构名称：______________________负责人：_________

学历：______________专业：_____________电话：____________________

辐射工作人员数量：______________

（其中，取得相应级别培训合格证人数：_______在有效期内人数：_________）

（其中，个人剂量监测人数：_________）

3 放射源及射线装置

在用放射源：总数________枚，其中 I 类_______枚，II 类_______枚，III类______枚，IV类__________枚，V 类___________枚。

废旧放射源：III类及以上__________枚，处理计划及资金落实情况：____；

IV 类及以下___________枚，未知活度______________枚；处理计划及资金落实情况：____；

在用射线装置：总数______台，其中 I 类______台，II 类_______台，III类______台。

4 管理系统应用情况

辐射工作单位信息是否录入管理系统：______，信息是否准确、完整：_______。

单位盖章或负责人签字：__________________填写日期：_________________。

附录 1-2 生产放射性同位素监督检查技术程序

辐射安全防护监督检查技术程序（1）

程序编号：ST-1　　　　版本号：No.3

密封源生产线 I 监督检查技术程序

1. 监督检查目的

需进行化学加工和直接操作活性块的密封源生产中要操作非密封性放射性物质，且基本都属于甲级非密封放射性物质工作场所，生产过程中有较大的潜在危险。这类工作场所监督检查的重点是：分区布局及人流物流流向是否合理，有关安全与防护设施是否完备，“三废”管理设施是否完善，相关监测是否到位，销售是否按法规审批备案。

2. 检查程序适用范围

本程序适用于 ^{137}Cs、^{144}Ce 等这类需进行化学加工的密封源生产线的监督检查。

3. 引用标准与文件

（1）《放射性物质安全运输规程》（GB 11806）；
（2）《放射性废物管理规定》（GB 14500）；
（3）《操作非密封源的辐射防护规定》（GB 11930）；
（4）《低、中水平放射性固体废物暂时贮存规定》（GB 11928）；
（5）《电离辐射防护与辐射源安全基本标准》（GB 18871）。

4. 监督检查内容

监督检查的具体内容见监督检查表。

5. 监督检查意见

核实上次检查意见的落实及改进情况，提出本次检查中存在的问题和意见。

密封源生产线Ⅰ监督检查表

1 场所基本情况

1.1 放射源生产基本信息

核素名称	操作场所级别	物理/化学形态	简要工艺流程

1.2 密封源基本信息

核素名称	批准年生产量/（枚数/活度）	实际年生产量/（枚数/活度）

1.3 放射性废物情况

核素名称	废物形态	处理方案

2 辐射安全防护设施与运行

序号		检 查 项 目	设计建造	运行状态	备注
1*	A 场所设施	场所分区布局是否合理及有无相应措施/标识			
2*		出入口处电离辐射警示标志			
3*		卫生通过间			
4*		人员出口配备污染监测仪			
5*		单独的放射性通风设施（流向、流速）			
6		排风过滤器			
7*		工作箱或热室（箱内保持合适负压）			
8*		屏蔽防护设施			
9*		防过热或超压保护（有易燃易爆和高温高压操作时）			
10		移动放射性液体时容器不易破裂或有不易破裂的套			
11*		前区有火灾报警仪			
12*		长柄操作工具（强外照射操作时）			
13*		放射性下水系统或放射性废液收集容器			
14		放射性下水系统标识			
15		输送阀门标识			
16*		放射性固体废物暂存设施			
17*		放射源库			

序号		检 查 项 目	设计建造	运行状态	备注
18*		安保设施			
19		防火设备、应急出口			
20	B 监测 设备	固定式或移动式气溶胶取样监测设备			
21*		个人剂量计			
22*		个人剂量报警仪			
23*		便携式辐射监测仪（污染、辐射水平等）			
24		固定式辐射监测报警仪			
25*		放射性液态流出物取样监测设备（甲级）			
26*		放射性气体流出物取样监测设备（甲级）			
27	C 防护 器材	联合工作服、面罩、气衣（甲级）			
28*		防护手套、口罩等个人防护用品			
29	D 应急 物资	去污用品和试剂			
30		应急处理工具（如长柄操作工具等）			
31		必备的警示标志和标识线			
32		灭火器材			
33		放射性同位素应急包装容器			

注：加*的项目是重点项，有“设计建造”的划✓，没有的划×；“运行状态”未见异常的划✓，不正常的及没有的划×；不适用的均划/，不能详尽的在备注中说明。

3 管理制度

序号		检 查 项 目	成文制度	执行情况	备注
1	A 综合	辐射安全管理规定			
2	B 放射性 物质	物料平衡管理规定			
3		放射性同位素管理规定（购买、领用、销售、保管、盘存等）			
4	C 场所	场所分区管理规定（含人流、物流路线图）			
5		操作规程（操作、贮存及包装等）			
6		去污操作规程			
7		保安管理规定			
8		安全防护设施的维护与维修制度（包括机构人员、维护维修内容与频度、重大问题管理措施、重新运行审批级别等）			
9	D 监测	监测方案			
10		监测仪表使用与检验管理制度			
11	E 人员	辐射工作人员培训/再培训管理制度			
12		辐射工作人员个人剂量管理制度			
13	F 应急	辐射事故/事件应急预案			
14	G 三废	放射性“三废”管理规定			

4 法规执行情况

序号	检　查　内　容	检查结果		
		有/是	无/否	备注
1	**许可证**			
1.1	持证单位的名称、地址、法定代表人是否进行了变更			
	如有：变更后是否办理许可证变更手续			
1.2	持证单位是否改变或超出所从事活动的种类或者范围			
	如有：是否按原申请程序重新申领许可证			
1.3	持证单位是否有新建、改建、扩建生产、使用设施或者场所			
	如有：是否按原申请程序重新申领许可证			
1.4	许可证是否在有效期限内			
	如超出：是否办理许可证延续手续			
2	**建设项目环境影响评价审批**			
2.1	是否有新建、改建、扩建使用设施或者场所			
	如有：是否通过环境影响评价审批			
3	**建设项目竣工环境保护验收**			
3.1	是否通过竣工环境保护验收审批			
	如无：是否有竣工环境保护验收监测报告			
4	**退役**			
4.1	是否有场所退役			
	如有：是否通过退役环评审批			
	如有：是否通过退役终态验收			
5	**进出口、转让**			
5.1	是否有放射性同位素进出口			
	如有：进出口审批和备案档案是否齐全			
5.2	是否有放射性同位素转让			
	如有：转让审批和备案档案是否齐全			
5.3	交接清单与转让批文上的交接单位是否一致			____年以来共____份，抽查____份
	如不一致：销售对象是否持证、是否在许可范围			
6	**监测**			
6.1	工作区域和环境辐射水平测量档案			
6.2	排入环境的放射性气溶胶、废液中的放射性核素、活度或浓度、时间、审批及其他情况的记录或证明			
6.3	个人剂量监测记录（包括内照射）			
6.4	监测仪器比对或刻度档案			
7	**放射性物质管理**			
7.1	物料平衡台账			
7.2	放射源销售台账（放射性同位素的核素名称及编码、出厂时间和活度、去向、审批编号、备案时间等）			
7.3	放射源库存台账			
7.4	放射性同位素进/出口台账			

序号	检 查 内 容	检查结果		
		有/是	无/否	备注
7.5	回收台账			
7.6	废源处理档案是否齐全			
7.7	放射性废物处理档案是否齐全			
8	**辐射安全设施管理**			
8.1	安全防护设施维护与维修工作记录（包括检查项目、检查方法、检查结果、处理情况、检查时间、检查人员）			
9	**事故与事件**			
9.1	是否有辐射事故或事件			
	辐射事故或事件是否按规定报告			
10	**人员管理**			
10.1	注册核安全工程师人数是否满足要求			
10.2	辐射工作人员上岗前培训/再培训档案			
11	**辐射安全自查**			
11.1	定期辐射安全自查			
11.2	年度评估报告			

5 上次检查改进情况

已完成：

未完成（说明理由）：

6 存在的主要问题

检查日期____________________

检查人员签字____

被检单位代表签字____

辐射安全与防护监督检查技术程序（2）

程序编号：ST-2　　　　　　　　　　　　　　　　版本号：No.3

密封源生产线II监督检查技术程序

1. 监督检查目的

操作半成品的密封源生产中不操作非密封放射性物质，但操作的放射源活度较大，生产过程中具有较大的潜在危险。对这类辐射工作场所进行监督检查的重点是：有关安全与防护设施是否完备，工作人员的受照剂量是否在约束值以内，“三废”管理是否得当，销售是否按法规审批备案。

2. 检查程序适用范围

本程序适用于 ^{60}Co、^{192}Ir 等这类不需进行化学加工的密封源生产线的监督检查。

3. 引用标准与文件

（1）《放射性物质安全运输规程》（GB 11806）；

（2）《放射性废物管理规定》（GB 14500）；

（3）《低、中水平放射性固体废物暂时贮存规定》（GB 11928）；

（4）《电离辐射防护与辐射源安全基本标准》（GB 18871）。

4. 监督检查内容

监督检查的具体内容见监督检查表。

5. 监督检查意见

核实上次检查意见的落实及改进情况，提出本次检查中存在的问题和意见。

密封源生产线Ⅱ监督检查表

1 场所基本情况

放射源生产基本信息

核素名称	物理/化学形态	简要工艺流程	废物处理方式

2 辐射安全防护设施与运行

序号	检查项目		设计建造	运行状态	备注
1*	A 场所设施	出入口电离辐射警示标志			
2*		场所分区布局是否合理及有无相应措施/标识			
3*		箱室（保持合适负压）及其防护屏蔽			
4		通风系统			
5*		机械手			
6*		放射性固体废物暂存设施			
7*		放射源贮存库（#）			
8*		安保设施			
9*	B 监测设备	场所内固定式辐射监测报警仪			
10*		便携式辐射监测仪			
11*		个人剂量报警仪			
12*		个人剂量计			
13	C 防护器材	个人防护用品			
14	D 应急物资	应急处理工具（如剑式机械手等）			
15		警示标志和标识线			
16		灭火器材			
17*		放射源应急包装容器			

注：加*的项目是重点项，有“设计建造”的划✓，没有的划×；“运行状态”未见异常的划✓，不正常的及没有的划×；不适用的均划 /。不能详尽的在备注中说明。

3 管理制度

序号	检查项目		成文制度	执行情况	备注
1	A 综合	辐射安全管理规定			
2	B 放射性 物质	放射源出厂检验管理规定			
3		放射源管理规定（销售、盘存、回收、送贮等）			
4	C 场所	场所分区管理规定（含人流、物流路线图）			
5		操作规程（操作、贮存等）			
6		保安管理规定			
7		安全防护设施的维护与维修制度（包括机构人员、维护维修内容与频度、重大问题管理措施、重新运行审批级别等）			
8	D 监测	监测方案			
9		监测仪表使用与校验管理制度			
10	E 人员	辐射工作人员培训/再培训管理制度			
11		辐射工作人员个人剂量管理制度			
12	F 应急	辐射事故/事件应急预案			
13	G 三废	放射性“三废”管理规定			

4 法规执行情况

序号	检查内容	检查结果		
		有/是	无/否	备注
1	**许可证**			
1.1	持证单位的名称、地址、法定代表人是否进行了变更			
	如有：变更后是否办理许可证变更手续			
1.2	持证单位是否改变或超出所从事活动的种类或者范围			
	如有：是否按原申请程序重新申领许可证			
1.3	持证单位是否有新建、改建、扩建生产设施或者场所			
	如有：是否按原申请程序重新申领许可证			
1.4	许可证是否在有效期限内			
	如超出：是否办理许可证延续手续			
2	**建设项目环境影响评价审批**			
2.1	是否有新建、改建、扩建使用设施或者场所			
	如有：是否通过环境影响评价审批			
3	**建设项目竣工环境保护验收**			
3.1	是否通过竣工环境保护验收审批			
	如无：是否有竣工环境保护验收监测报告			

序号	检查内容	检查结果		
		有/是	无/否	备注
4	**退役**			
4.1	是否有场所退役			
	如有：是否通过退役环评审批			
	如有：是否通过退役终态验收			
5	**进出口、转让和转移**			
5.1	是否有放射性同位素进出口			
	如有：进出口审批和备案档案是否齐全			
5.2	是否有放射源转让和转移			
	如有：转让和转移审批和备案档案是否齐全			
5.3	交接清单与转让批文上的交接单位是否一致			___年以来共_份，抽查___份
	如不一致：销售对象是否持证、是否在许可范围			
6	**监测**			
6.1	工作区域和环境辐射水平测量档案			
6.2	个人剂量监测记录			
6.3	监测仪器比对或刻度档案			
7	**放射性物质管理**			
7.1	放射源生产台账			
7.2	放射源销售台账（放射性同位素的核素名称及编码、出厂时间和活度、去向、审批编号、备案时间等）			
7.3	放射源库存台账			
7.4	放射性同位素进/出口台账			
7.5	回收台账			
7.6	废源处理档案是否齐全			
7.7	放射性废物处理档案是否齐全			
8	**辐射安全设施管理**			
8.1	安全防护设施维护与维修工作记录（包括检查项目、检查方法、检查结果、处理情况、检查时间、检查人员）			
9	**事故与事件**			
9.1	是否有辐射事故或事件			
	辐射事故或事件是否按规定报告			
10	**人员管理**			
10.1	注册核安全工程师人数是否满足要求			
10.2	辐射工作人员上岗前培训/再培训档案			
11	**辐射安全自查**			
11.1	定期辐射安全自查			
11.2	年度评估报告			

5 上次检查改进情况

已完成：

未完成（说明理由）：

6 存在的主要问题

检查日期__________________

检查人员签字______________________________________

被检单位代表签字______________________________________

辐射安全与防护监督检查技术程序（3）
程序编号：ST-3　　　　　　　　　　　版本号：No.3

放射性药物生产线监督检查技术程序

1. 监督检查目的

放射性药物是直接用于人体诊断或治疗的药物，其生产和质量控制必须严格遵守“药品生产质量管理规范”（GMP），因此这类生产线一般都比较标准和规范。因为要考虑药物进入人体后对正常组织和血液等的辐射安全性，放射性药物的半衰期都比较短，一般几天至十几天，有时甚至只有几小时、几分钟。对这类场所的监督检查，重点在放射性物料平衡，分区管理、放射性“三废”管理以及相关场所和人员的监测。

2. 检查程序适用范围

本程序适用于放射性药物（不含 PET）生产线的监督检查。

3. 引用标准与文件

（1）《放射性物质安全运输规程》（GB 11806）；
（2）《放射性废物管理规定》（GB 14500）；
（3）《操作非密封源的辐射防护规定》（GB 11930）；
（4）《低、中水平放射性固体废物暂时贮存规定》（GB 11928）；
（5）《电离辐射防护与辐射源安全基本标准》（GB 18871）。

4. 监督检查内容

监督检查的具体内容见监督检查表。

5. 监督检查意见

核实上次检查意见的落实及改进情况，提出本次检查中存在的问题和意见。

放射性药物生产线监督检查表

1 场所基本情况

1.1 放射性药物生产基本信息

核素名称	操作场所级别	物理/化学形态	简要工艺流程

1.2 放射性废物情况

放射性核素	废物形态	处理方案

2 辐射安全防护设施与运行

序号	检查项目		设计建造	运行状态	备注
1*	A 场所设施（生产、贮存与包装）	场所分区布局是否合理及有无相应措施/标识			
2*		出入口处电离辐射警示标志			
3*		卫生通过间			
4*		人员出口配备污染监测仪			
5*		单独的放射性通风设施（流向、过滤）			
6*		工作箱（箱内保持合适负压）			
7*		屏蔽防护设施			
8*		防过热或超压保护（有易燃易爆和高温高压操作时）			
9		易去污的工作台面和防污染覆盖材料			
10		移动放射性液体时容器不易破裂或有不易破裂的套			
11		负压吸液器械（吸取液体时）			
12*		放射性下水系统或暂存设施			
13		放射性下水系统标识			
14*		放射性固体废物暂存设施			
15*		放射性同位素暂存库			
16		安保设施			
17*	B 监测设备	便携式辐射监测仪表（污染、辐射水平等）			
18		个人剂量报警仪			
19*		个人剂量计			
20*		放射性液态流出物取样监测设备（甲级）			
21*		放射性气体流出物取样监测设备（甲级）			
22*		固定式或移动式气溶胶取样监测设备			

序号	检 查 项 目		设计建造	运行状态	备注
23	C 防护器材	联合工作服			
24		个人防护用品			
25	D 应急物资	去污用品和试剂			
26		必备的警示标志和标识线			
27		灭火器材			
28		放射性同位素应急包装容器			

注：加*的项目是重点项，有“设计建造”的划✓，没有的划×；“运行状态”未见异常的划✓，不正常的及没有的划×；不适用的均划 /。不能详尽的在备注中说明。

3 管理制度与执行情况

序号	检 查 项 目		成文制度	执行情况	备注
1	A 综合	辐射安全管理规定			
2	B 非密封放射性物质	非密封放射性物质管理规定（购买、领用、保管、盘存）			
3		物料平衡管理规定			
4	C 场所	场所分区管理规定（含人流、物流路线图）			
5		去污操作规程			
6		操作规程（操作、贮存及包装等）			
7		安全防护设施的维护与维修制度（包括机构人员、维护维修内容与频度、重大问题管理措施、重新运行审批级别等）			
8	D 监测	监测方案			
9		监测仪表使用与检验管理制度			
10	E 人员	辐射工作人员个人剂量管理制度			
11		辐射工作人员培训/再培训管理制度			
12	F 应急	辐射事故/事件应急预案			
13	G 三废	放射性“三废”管理规定			

4 法规执行情况

序号	检 查 内 容	检查结果		
		有	无	备注
1	**许可证**			
1.1	持证单位的名称、地址、法定代表人是否进行了变更			
	如有：变更后是否办理许可证变更手续			
1.2	持证单位是否改变或超出所从事活动的种类或者范围			
	如有：是否按原申请程序重新申领许可证			
1.3	持证单位是否有新建、改建、扩建生产、使用设施或者场所			
	如有：是否按原申请程序重新申领许可证			

序号	检 查 内 容	检查结果		
		有	无	备注
1.4	许可证是否在有效期限内			
	如超出：是否办理许可证延续手续			
2	**建设项目环境影响评价审批**			
2.1	是否有新建、改建、扩建使用设施或者场所			
	如有：是否通过环境影响评价审批			
3	**建设项目竣工环境保护验收**			
3.1	是否通过竣工环境保护验收审批			
	如无：是否有竣工环境保护验收监测报告			
4	**退役**			
4.1	是否有场所退役			
	如有：是否通过退役环评审批			
	如有：是否通过退役终态验收			
5	**进出口、转让**			
5.1	是否有放射性同位素进出口			
	如有：进出口审批和备案档案是否齐全			
5.2	是否有放射性同位素转让			
	如有：转让审批和备案档案是否齐全			
5.3	交接清单与转让批文上的交接单位是否一致			___年以来共_份，抽查___份
	如不一致：销售对象是否持证、是否在许可范围			
6	**监测**			
6.1	工作区域和环境辐射水平测量档案			
6.2	个人剂量监测记录（包括内照射）			
6.3	排入环境的放射性气溶胶、废液中的放射性核素、活度或浓度、时间、审批及其他情况的记录或证件			
6.4	监测仪器比对或刻度档案			
7	**放射性物质管理**			
7.1	物料平衡台账			
7.2	放射性药物销售台账			
7.3	放射性同位素进出口台账			
7.4	放射性废物处理档案是否齐全			
8	**辐射安全设施管理**			
8.1	安全防护设施维护与维修工作记录（包括检查项目、检查方法、检查结果、处理情况、检查时间、检查人员）			
9	**事件与事故**			
9.1	是否有辐射事故或事件			
	辐射事故或事件是否按规定报告			
10	**人员管理**			
10.1	注册核安全工程师人数是否满足要求			
10.2	辐射工作人员上岗前培训/再培训档案			
11	**辐射安全自查**			
11.1	定期辐射安全自查			
11.2	年度评估报告			

5 上次检查改进情况

已完成：

未完成（说明理由）：

6 存在的主要问题

检查日期________________

检查人员签字________________________________

被检单位代表签字________________________________

辐射安全与防护监督检查技术程序（4）

程序编号：ST-4　　　　　　　　　　　　　　　　　　版本号：No.3

医疗植入用放射源生产线监督检查技术程序

1. 监督检查目的

单枚医疗植入用放射源活度较小，但是生产过程存在开放性操作过程，根据每次药品生产量不同，放射性核素操作量可能较大，而且还可能对外环境造成影响，对这类单位的辐射工作场所进行监督检查，重点是有关安全与防护设施是否完备有效，场所和人员监测是否合适，“三废”管理是否到位。

2. 检查程序适用范围

本程序适用于医疗植入用放射性粒子源生产线的监督检查。

3. 引用标准和文件

（1）《放射性物质安全运输规程》（GB 11806）；

（2）《放射性废物管理规定》（GB 14500）；

（3）《操作非密封源的辐射防护规定》（GB 11930）；

（4）《低、中水平放射性固体废物暂时贮存规定》（GB 11928）；

（5）《电离辐射防护与辐射源安全基本标准》（GB 18871）。

4. 监督检查内容

监督检查的具体内容见监督检查表。

5. 监督检查意见

核实上次检查意见的落实及改进情况，提出本次检查中存在的问题和意见。

医疗植入用放射源生产线监督检查表

1 场所基本情况

1.1 植入源生产基本信息

核素名称	操作场所级别	物理/化学形态	简要工艺流程

1.2 植入源基本信息

核素名称	批准年生产量/（枚数/活度）	实际年生产量/（枚数/活度）

1.3 放射性废物情况

放射性核素	废物形态	处理方案

2 辐射安全防护设施与运行

序号	检 查 项 目		设计建造	运行状态	备注
1*	A 场所设施（生产、贮存）	场所分区布局是否合理及有无相应措施/标识			
2*		出入口处有电离辐射警示标志			
3*		人员出口配备污染监测仪			
4*		卫生通过间			
5*		独立的放射性通风设施（流向、过滤）			
6*		排风过滤器			
7*		工作箱（箱内保持合适负压）			
8*		放射性下水系统或暂存设施			
9		放射性下水系统标识			
10*		放射性物料及产品暂存库或设施			
11*		放射性固体废物暂存库或设施			
12*		安保设施（贮存场所必须）			
13*	B 监测设备	固定式或移动式气溶胶取样监测设备			
14*		放射性气体流出物取样监测设备（甲级）			
15*		便携式监测仪器仪表（污染、辐射水平等）			
16		个人剂量报警仪			
17*		个人剂量计			

序号	检 查 项 目		设计建造	运行状态	备注
18	C 防护器材	个人防护用品			
19	D 应急物资	去污用品和试剂			
20		警示标志和标识线			
21		灭火器材			

注：加*的项目是重点项，有“设计建造”的划√，没有的划×；“运行状态”未见异常的划√，不正常的及没有的划×；不适用的均划 /。不能详尽的在备注中说明。

3 管理制度与执行情况

序号	检 查 项 目		成文制度	执行情况	备注
1	A 综合	辐射安全管理规定			
2	B 非密封放射性物质	非密封放射性物质管理规定（购买、领用、保管、盘存）			
3		物料平衡管理规定			
4	C 场所	场所分区管理规定（含人流、物流路线图）			
5		操作规程（操作、贮存及包装等）			
6		去污操作规程			
7		保安管理规定			
8		安全防护设施的维护与维修制度（包括机构人员、维护维修内容与频度、重大问题管理措施、重新运行审批级别等）			
9	D 监测	监测方案			
10		监测仪表使用与校验管理制度			
11	E 人员	辐射工作人员个人剂量管理制度			
12		辐射工作人员培训/再培训管理制度			
13	F 应急	辐射事故/事件应急预案			
14	G 三废	放射性“三废”管理规定			

4 法规执行情况

序号	检 查 内 容	检查结果		
		有/是	无/否	备注
1	**许可证**			
1.1	持证单位的名称、地址、法定代表人是否进行了变更			
	如有：变更后是否办理许可证变更手续			
1.2	持证单位是否改变或超出所从事活动的种类或者范围			
	如有：是否按原申请程序重新申领许可证			
1.3	持证单位是否有新建、改建、扩建生产、使用设施或者场所			
	如有：是否按原申请程序重新申领许可证			
1.4	许可证是否在有效期限内			
	如超出：是否办理许可证延续手续			
2	**建设项目环境影响评价审批**			
2.1	是否有新建、改建、扩建使用设施或者场所			
	如有：是否通过环境影响评价审批			
3	**建设项目竣工环境保护验收**			
3.1	是否通过竣工环境保护验收审批			
	如无：是否有竣工环境保护验收监测报告			
4	**退役**			
4.1	是否有场所退役			
	如有：是否通过退役环评审批			
	如有：是否通过退役终态验收			
5	**进出口、转让**			
5.1	是否有放射性同位素进出口			
	如有：进出口审批和备案档案是否齐全			
5.2	是否有放射性同位素转让			
	如有：转让审批和备案档案是否齐全			
5.3	交接清单与转让批文上的交接单位是否一致			____年以来共____份，抽查____份
	如不一致：销售对象是否持证、是否在许可范围			
6	**监测**			
6.1	工作区域和环境辐射水平测量档案			
6.2	个人剂量监测记录			
6.3	排入环境的放射性气溶胶、废液中的放射性核素、活度或浓度、时间、审批及其他情况的记录或证件			
6.4	辐射监测仪器比对或刻度档案			
7	**放射性物质管理**			
7.1	非密封放射性物质台账			
7.2	粒子源台账			
7.3	放射性同位素进出口台账			
7.4	放射性废物处理档案是否齐全			
8	**辐射安全设施管理**			
8.1	安全防护设施维护与维修工作记录（包括检查项目、检查方法、检查结果、处理情况、检查时间、检查人员）			

序号	检 查 内 容	检查结果		
		有/是	无/否	备注
9	**事件与事故**			
9.1	是否有辐射事故或事件			
	辐射事故或事件是否按规定报告			
10	**人员管理**			
10.1	注册核安全工程师人数是否满足要求			
10.2	辐射工作人员上岗前培训/再培训档案			
11	**辐射安全自查**			
11.1	定期辐射安全自查			
11.2	年度评估报告			

5 上次检查改进情况

已完成：

未完成（说明理由）：

6 存在的主要问题

检查日期__________________

检查人员签字____

被检单位代表签字____

辐射安全与防护监督检查技术程序（5）
程序编号：ST-5　　　　　　　　　　　　　　　　版本号：No.3

甲级非密封放射性物质操作场所监督检查技术程序

1．监督检查目的

甲级非密封放射性物质操作场所，操作大量的放射性物质，存在较大的潜在危险。发生辐射事故时可能有大量放射性物质向环境释放从而造成环境污染，对此类单位监督检查的重点是分区管理控制、表面污染控制、放射性“三废”排放和处理、防护屏蔽等。

2．检查程序适用范围

本程序适用于除核医学和技术程序中指定生产场所外所有甲级非密封放射性物质操作场所的监督检查。

3．引用标准和文件

（1）《电离辐射防护与辐射源安全基本标准》（GB 18871）；
（2）《操作非密封源的辐射防护规定》（GB 11930）。

4．监督检查内容

监督检查的具体内容见监督检查表。

5．监督检查意见

核实上次检查意见的落实及改进情况，提出本次检查中存在的问题和意见。

甲级非密封放射性物质操作场所监督检查表

1 场所基本情况

1.1 非密封放射性物质操作基本信息

核素名称	操作场所级别	物理/化学形态	简要操作流程

1.2 放射性废物情况

放射性核素	废物形态	处理方案

2 辐射安全防护设施与运行

序号	检 查 项 目		设计建造	运行状态	备注
1*	A 场所设施	工作场所设置在单独的建筑内			
2*		场所分区布局是否合理及有无相应标识			
3*		出入口处电离辐射警示标志			
4*		卫生通过间			
5*		人员出口污染监测仪			
6*		独立的放射性通风设施（流向）			
7		排风过滤器			
8*		工作箱或热室（箱内保持合适负压）			
9*		屏蔽防护设施			
10*		防过热或超压保护（有易燃易爆和高温高压操作时）			
11*		易去污的工作台面和防污染覆盖材料			
12		负压吸液器械（吸取液体时）			
13*		移动放射性液体时容器不易破裂或有不易破裂的套			
14*		前区有火灾报警仪			
15*		机械手（强外照射操作时）			
16*		放射性下水系统或暂存设施			
17*		放射性下水系统标识			
18*		放射性同位素暂存库或设施			
19*		放射性固体废物暂存设施			
20*		安保设施			
21		防火设备、应急出口			

序号	检 查 项 目		设计建造	运行状态	备注
22*	B 监测设备	固定式辐射监测报警仪			
23*		固定式或移动式气溶胶取样监测设备			
24*		放射性液态流出物取样监测设备			
25*		放射性气体流出物取样监测设备			
26*		便携式辐射监测仪表（污染、辐射水平等）			
27		个人剂量报警仪			
28*		个人剂量计			
29	C 防护器材	气衣、面罩等以及专门的送风系统			
30*		防护手套、口罩等个人防护用品			
31*	D 应急物资	去污用品和试剂			
32		应急处理工具			
33		必备的警示标志和标识线			
34		灭火器材			
35*		放射性同位素应急包装容器			

注：加*的项目是重点项，有“设计建造”的划✓，没有的划×；“运行状态”未见异常的划✓，不正常的及没有的划×；不适用的均划 /。不能详尽的在备注中说明。

3 管理制度

序号	检 查 项 目		成文制度	执行情况	备注
1	A 综合	辐射安全管理规定			
2	B 放射性物质	非密封放射性物质的管理规定（购买、领用、保管盘存和运输）			
3		物料平衡管理规定			
4	C 场所	场所分区管理规定（含人流、物流路线图）			
5		操作规程（操作、贮存及包装等）			
6		去污操作规程			
7		保安管理规定			
8		安全防护设施的维护与维修制度（包括机构人员、维护维修内容与频度、重大问题管理措施、重新运行审批级别等）			
9	D 监测	监测方案			
10		监测仪表使用与校验管理制度			
11	E 人员	辐射工作人员培训/再培训管理制度			
12		辐射工作人员个人剂量管理制度			
13	F 应急	辐射事故/事件应急预案			
14	G 三废	放射性“三废”管理规定			

4 法规执行情况

序号	检 查 内 容	检查结果		
		有/是	无/否	备注
1	**许可证**			
1.1	持证单位的名称、地址、法定代表人是否进行了变更			
	如有：变更后是否办理许可证变更手续			
1.2	持证单位是否改变或超出所从事活动的种类或者范围			
	如有：是否按原申请程序重新申领许可证			
1.3	持证单位是否有新建、改建、扩建生产、使用设施或者场所			
	如有：是否按原申请程序重新申领许可证			
1.4	许可证是否在有效期限内			
	如超出：是否办理许可证延续手续			
2	**建设项目环境影响评价审批**			
2.1	是否有新建、改建、扩建使用设施或者场所			
	如有：是否通过环境影响评价审批			
3	**建设项目竣工环境保护验收**			
3.1	是否通过竣工环境保护验收审批			
	如无：是否有竣工环境保护验收监测报告			
4	**退役**			
4.1	是否有场所退役			
	如有：是否通过退役环评审批			
	如有：是否通过退役终态验收			
5	**进出口、转让和转移**			
5.1	是否有放射性同位素进出口			
	如有：进出口审批和备案档案是否齐全			
5.2	是否有放射性同位素转让			
	如有：转让审批和备案档案是否齐全			
5.3	交接清单与转让审批是否对应			
6	**监测**			
6.1	工作区域和环境辐射水平测量档案			
6.2	个人剂量监测记录（包括内照射）			
6.3	排入环境的放射性气溶胶、废液中的放射性核素、活度或浓度、时间、审批及其他情况的记录或证件			
6.4	监测仪器比对或刻度档案			
7	**放射性物质管理**			
7.1	非密封放射性物质平衡台账			
7.2	非密封放射性物质转让台账			
7.3	非密封放射性物质进出口台账			
7.4	放射性废物处理档案是否齐全			
8	**辐射安全设施管理**			
8.1	安全防护设施维护与维修工作记录（包括检查项目、检查方法、检查结果、处理情况、检查时间、检查人员）			
9	**事故与事件**			
9.1	是否有辐射事故或事件			
	辐射事故或事件是否按规定报告			

序号	检 查 内 容	检查结果		
		有/是	无/否	备注
10	**人员管理**			
10.1	注册核安全工程师人数是否满足要求			
10.2	辐射工作人员上岗前培训/再培训档案			
11	**辐射安全自查**			
11.1	定期辐射安全自查			
11.2	年度评估报告			

5 上次检查改进情况

已完成：

未完成（说明理由）：

6 存在的主要问题

检查日期__________________

检查人员签字______________________________________

被检单位代表签字______________________________________

辐射安全与防护监督检查技术程序（6）

程序编号：ST-6　　　　　　　　　　　　　　　　　　　　版本号：No.3

乙级非密封放射性物质操作场所监督检查技术程序

1. 监督检查目的

乙级非密封放射性物质操作场所，操作较大量的放射性物质，存在较大的潜在危险。发生辐射事故时可能有放射性物质向环境释放从而造成环境污染，因此对此类单位监督检查重点是分区管理控制、表面污染控制、放射性“三废”管理、防护屏蔽等。

2. 检查程序适用范围

本程序适用于除核医学和技术程序中指定生产场所外所有乙级非密封放射性物质操作场所的监督检查。

3. 引用标准和文件

（1）《电离辐射防护与辐射源安全基本标准》（GB 18871）；

（2）《操作非密封源的辐射防护规定》（GB 11930）。

4. 监督检查内容

监督检查的具体内容见监督检查表。

5. 监督检查意见

核实上次检查意见的落实及改进情况，提出本次检查中存在的问题和意见。

乙级非密封放射性物质操作场所监督检查表

1 场所基本情况

1.1 非密封放射性物质操作基本信息

核素名称	操作场所级别	物理/化学形态	简要操作流程

1.2 放射性废物情况

放射性核素	废物形态	处理方案

2 辐射安全防护设施与运行

序号	检查项目		设计建造	运行状态	备注
1*	A 场所设施	场所分区布局是否合理及有无相应措施/标识			
2*		入口处有电离辐射警示标志			
3*		卫生通过间			
4*		人员出口污染监测仪			
5*		独立的放射性通风设施（流向、排风过滤）			
6*		工作箱（箱内保持合适负压、过滤）			
7*		屏蔽防护设施			
8*		防过热或超压保护（有易燃易爆和高温高压操作时）			
9		易去污的工作台面和防污染覆盖材料			
10		负压吸液器械（吸取液体时）			
11*		移动放射性液体时容器不易破裂或有不易破裂的套			
12*		机械手（强外照射操作时）			
13		火灾报警仪			
14*		放射性下水系统或暂存设施			
15		放射性下水系统标识			
16*		放射性同位素暂存库或设施			
17*		放射性固体废物暂存设施			
18*		安保设施			
19		防火设备、应急出口			

序号	检查项目		设计建造	运行状态	备注
20	B 监测设备	固定式辐射监测报警仪			
21*		固定式或移动式气溶胶取样监测设备			
22*		便携式辐射监测仪表（污染、辐射水平等）			
23		个人剂量报警仪			
24*		个人剂量计			
25*		工作服、防护手套、口罩等个人防护用品			
26*	C 应急物资	去污用品和试剂			
27		应急处理工具（如剑式机械手等）			
28		必备的警示标志和标识线			
29		灭火器材			
30*		放射性同位素应急包装容器			

注：加*的项目是重点项，有“设计建造”的划✓，没有的划×；“运行状态”未见异常的划✓，不正常的及没有的划×；不适用的均划 /。不能详尽的在备注中说明。

3 管理制度

序号	检查项目		成文制度	执行情况	备注
1	A 综合	辐射安全管理规定			
2	B 放射性 物质	非密封放射性物质的管理规定（购买、领用、保管盘存和运输）			
3		物料平衡管理规定			
4	C 场所	场所分区管理规定（含人流、物流路线图）			
5		操作规程（操作、贮存及包装等）			
6		去污操作规程			
7		保安管理规定			
8		安全防护设施的维护与维修制度（包括机构人员、维护维修内容与频度、重大问题管理措施、重新运行审批级别等）			
9	D 监测	监测方案			
10		监测仪表使用与校验管理制度			
11	E 人员	辐射工作人员培训/再培训管理制度			
12		辐射工作人员个人剂量管理制度			
13	F 应急	辐射事故/事件应急预案			
14	G 三废	放射性“三废”管理规定			

4 法规执行情况

序号	检 查 内 容	检查结果		
		有/是	无/否	备注
1	**许可证**			
1.1	持证单位的名称、地址、法定代表人是否进行了变更			
	如有：变更后是否办理许可证变更手续			
1.2	持证单位是否改变或超出所从事活动的种类或者范围			
	如有：是否按原申请程序重新申领许可证			
1.3	持证单位是否有新建、改建、扩建生产、使用设施或者场所			
	如有：是否按原申请程序重新申领许可证			
1.4	许可证是否在有效期限内			
	如超出：是否办理许可证延续手续			
2	**建设项目环境影响评价审批**			
2.1	是否有新建、改建、扩建使用设施或者场所			
	如有：是否通过环境影响评价审批			
3	**建设项目竣工环境保护验收**			
3.1	是否通过竣工环境保护验收审批			
	如无：是否有竣工环境保护验收监测报告			
4	**退役**			
4.1	是否有场所退役			
	如有：是否通过退役环评审批			
	如有：是否通过退役终态验收			
5	**进出口、转让和转移**			
5.1	是否有放射性同位素进出口			
	如有：进出口审批和备案档案是否齐全			
5.2	是否有放射性同位素转让			
	如有：转让审批和备案档案是否齐全			
5.3	交接清单与转让审批表是否对应			
6	**监测**			
6.1	工作区域和环境辐射水平测量档案			
6.2	个人剂量监测记录（包括内照射）			
6.3	排入环境的放射性气溶胶、废液中的放射性核素、活度或浓度、时间、审批及其他情况的记录或证件			
6.4	监测仪器比对或刻度档案			
7	**放射性物质管理**			
7.1	非密封放射性物质使用台账			
7.2	非密封放射性物质转让台账			
7.3	非密封放射性物质进出口台账			
7.4	放射性废物处理档案是否齐全			
8	**辐射安全设施管理**			
8.1	安全防护设施维护与维修工作记录（包括检查项目、检查方法、检查结果、处理情况、检查时间、检查人员）			

序号	检 查 内 容	检查结果		
		有/是	无/否	备注
9	**事故与事件**			
9.1	是否有辐射事故或事件			
	辐射事故或事件是否按规定报告			
10	**人员管理**			
10.1	辐射工作人员上岗前培训/再培训档案			
11	**辐射安全自查**			
11.1	定期辐射安全自查			
11.2	年度评估报告			

5 上次检查改进情况

已完成：

未完成（说明理由）：

6 存在的主要问题

检查日期____________________

检查人员签字____

被检单位代表签字____

辐射安全与防护监督检查技术程序（7）
程序编号：ST-7　　　　　　　　　　　　　　　　　版本号：No.3

丙级非密封放射性物质操作场所监督检查技术程序

1．监督检查目的

丙级非密封放射性物质操作场所，操作放射性物质的量较甲乙级场所小，但仍存在一定的潜在危险。防止工作场所和环境污染是该监督检查的主要目的。

2．检查程序适用范围

本程序适用于除核医学和技术程序中指定生产场所外所有丙级非密封放射性物质操作场所的监督检查。

3．引用标准和文件

（1）《电离辐射防护与辐射源安全基本标准》（GB 18871）；
（2）《操作非密封源的辐射防护规定》（GB 11930）。

4．监督检查内容

监督检查的具体内容见监督检查表。

5．监督检查意见

核实上次检查意见的落实及改进情况，提出本次检查中存在的问题和意见。

丙级非密封放射性物质操作场所监督检查表

1 场所基本情况

1.1 非密封放射性物质操作基本信息

核素名称	操作场所级别	物理/化学形态	简要操作流程

1.2 放射性废物情况

放射性核素	废物形态	处理方案

2 辐射安全防护设施与运行

序号	检查项目		设计建造	运行状态	备注
1*	A 场所设施	入口电离辐射警示标志			
2*		场所分区布局是否合理及有无相应措施/标识			
3*		通风柜（半开口处风速 1 m/s 以上）			
4*		易去污的工作台面和防污染覆盖材料			
5*		移动放射性液体时容器不易破裂或有不易破裂的套			
6*		放射性下水系统或暂存设施			
7		放射性下水系统标识			
8*		放射性同位素暂存库或设施			
9*		安保设施（贮存场所必须）			
10*		放射性固体废物暂存设施			
11*	B 监测设备	便携式辐射监测仪器仪表（表面污染、辐射水平等）			
12*		个人剂量计			
13	C 防护器材	个人防护用品			
14		去污用品和试剂			

注：加*的项目是重点项，有“设计建造”的划✓，没有的划×；“运行状态”未见异常的划✓，不正常的及没有的划×；不适用的均划 /。不能详尽的在备注中说明。

3 管理制度

序号	检查项目		成文制度	执行情况	备注
1	A 综合	辐射安全管理规定			
2	B 放射性 物质	非密封放射性物质的管理规定（购买、领用、保管盘存和运输）			
3		物料平衡管理规定			
4	C 场所	场所分区管理规定（含人流、物流路线图）			
5		操作规程（操作、贮存及包装等）			
6		去污操作规程			
7		保安管理规定			
8	D 监测	监测方案			
9		监测仪表使用与校验管理制度			
10	E 人员	辐射工作人员培训/再培训管理制度			
11		辐射工作人员个人剂量管理制度			
12	F 应急	辐射事故/事件应急预案			
13	G 三废	放射性“三废”管理规定			

4 法规执行情况

序号	检查内容	检查结果		
		有/是	无/否	备注
1	**许可证**			
1.1	持证单位的名称、地址、法定代表人是否进行了变更			
	如有：变更后是否办理许可证变更手续			
1.2	持证单位是否改变或超出所从事活动的种类或者范围			
	如有：是否按原申请程序重新申领许可证			
1.3	持证单位是否有新建、改建、扩建生产、使用设施或者场所			
	如有：是否按原申请程序重新申领许可证			
1.4	许可证是否在有效期限内			
	如超出：是否办理许可证延续手续			
2	**建设项目环境影响评价审批**			
2.1	是否有新建、改建、扩建使用设施或者场所			
	如有：是否通过环境影响评价审批			

序号	检 查 内 容	检查结果		
		有/是	无/否	备注
3	**建设项目竣工环境保护验收**			
3.1	是否通过竣工环境保护验收审批			
	如无：是否有竣工环境保护验收监测报告			
4	**退役**			
4.1	是否有场所退役			
	如有：是否通过退役环评审批			
	如有：是否通过退役终态验收			
5	**进出口、转让**			
5.1	是否有放射性同位素进出口			
	如有：进出口审批和备案档案是否齐全			
5.2	是否有放射性同位素转让			
	如有：转让审批和备案档案是否齐全			
5.3	交接清单与转让审批表是否对应			
6	**监测**			
6.1	工作区域和环境辐射水平测量档案			
6.2	个人剂量监测记录			
6.3	排入环境的放射性废液中的放射性核素、活度或浓度、时间、审批及其他情况的记录或证件			
6.4	监测仪器比对或刻度档案			
7	**放射性物质管理**			
7.1	非密封放射性物质使用台账			
7.2	非密封放射性物质转让台账			
7.3	非密封放射性物质进出口台账			
7.4	放射性废物处理档案是否齐全			
8	**事故与事件**			
8.1	是否有辐射事故或事件			
	辐射事故或事件是否按规定报告			
9	**人员管理**			
9.1	辐射工作人员上岗前培训/再培训档案			
10	**辐射安全自查**			
10.1	定期辐射安全自查			
10.2	年度评估报告			

5 上次检查改进情况

已完成：

未完成（说明理由）：

6 存在的主要问题

检查日期__________________

检查人员签字____________________________________

被检单位代表签字____________________________________

辐射安全与防护监督检查技术程序（8）
程序编号：ST-8　　　　　　　　　　　　　版本号：No.3

加速器生产放射性同位素场所监督检查技术程序

1．监督检查目的

生产放射性同位素的加速器属于Ⅰ类射线装置。加速器生产放射性同位素常用的带电粒子包括质子、氘核、氦-3核和α粒子。生产的放射性核素大多数半衰期较短。生产场所包括加速器场所和操作同位素工作场所。对这类单位进行监督检查，需要验证加速器场所和同位素工作场所的安全与防护措施是否满足国家相关法律、法规、条例或标准的要求，确保工作人员和环境的安全。

2．检查程序适用范围

本程序适用于加速器生产放射性同位素场所的监督检查。

3．引用标准和文件

（1）《粒子加速器辐射防护规定》（GB 5172）；
（2）《低、中水平放射性固体废物暂时贮存规定》（GB 11928）；
（3）《放射性废物管理规定》（GB 14500）；
（4）《操作非密封源的辐射防护规定》（GB 11930）。

4．监督检查内容

监督检查的具体内容见监督检查表。

5．监督检查意见

核实上次检查意见的落实及改进情况，提出本次检查中存在的问题和意见。

加速器生产放射性同位素场所监督检查表

1 场所基本情况

1.1 加速器基本信息

加速器型号		加速粒子种类	
生产厂家		生产厂家持证情况※	
粒子最大能量	MeV	粒子束流最大功率	W
同位素靶的传输方式	人工（ ）自动（ ）		
粒子打靶形式	内靶（ ）外靶（ ）		

注：※生产、销售（建造）、调试维修射线装置的单位应持有使用相应类别射线装置的许可证。

1.2 非密封放射性物质生产基本信息

核素名称	操作场所级别	物理/化学形态	简要工艺流程

1.3 放射性废物情况

放射性核素	废物形态	处理方案

2 安全防护设施运行情况

2.1 加速器大厅（靶厅）防护与安全

序号	项目	检 查 内 容	设计建造	运行状态	备注
1*	A 工作指示和警示	出入口有电离辐射警示标志			
2*		控制区入口有加速器运行状态显示			
3*		准备出束声光警示			
4*	B 安全联锁	控制台和大厅门钥匙控制			
5*		门与加速器束流联锁			
6*		门与加速器高压触发联锁			
7		辐射报警灯和声音报警与加速器准备出束状态联锁			
8		辐射剂量与门联锁			
9*		火灾报警仪与加速器联锁			
10*		火灾报警仪与通风联锁			

序号	项目	检 查 内 容	设计建造	运行状态	备注
11*	B 安全 联锁	束流阻挡器（如有）位置与束流联锁			
12*		靶厅门与束流阻挡器（如有）位置联锁			
13		联锁触动停机后须本地人工复位才能重启加速器			
14*	C 场所 设施	电视监控系统			
15		控制台上有复位确认按钮			
16*		大厅内有清场巡更系统			
17*		大厅内有紧急停机按钮			
18		按钮位置醒目及文字说明			
19*		紧急停机按钮能自锁及复位			
20*		控制台有紧急停机按钮			
21*	D 监测 设备	控制区内固定式辐射剂量监测仪			
22		气溶胶监测仪或采样装置			
23		放射性气体监测仪或采样装置			
24*		个人剂量报警仪			
25*		γ和中子个人剂量计			
26*		便携式γ剂量测量仪			
27*		便携式中子剂量测量仪			
28		便携式表面污染仪			
29*	E 其他	强活化部件表面标有电离辐射警告标志			
30*		更换下来的靶和活化部件有专设的存放处			
31*		排风过滤净化系统			
32		灭火器材			

注：加*的项目是重点项，有“设计建造”的划✓，没有的划×；“运行状态”未见异常的划✓，不正常的及没有的划×；不适用的均划 /。不能详尽的在备注中说明。

2.2 同位素生产场所辐射防护与安全

序号	检 查 项 目		设计建造	运行状态	备注
1*	A 场所 设施	场所分区布局是否合理及有无相应措施/标识			
2*		出入口处有电离辐射警示标志			
3*		卫生通过间			
4*		人员出口配备污染监测仪			
5*		单独的放射性通风设施（流向、过滤）			
6*		工作箱或热室（箱内保持合适负压）			
7*		屏蔽防护设施			
8*		防过热或超压保护（有易燃易爆和高温高压操作时）			
9		易去污的工作台面和防污染覆盖材料			
10		负压吸液器械（吸取液体时）			
11*		移动放射性液体时容器不易破裂或有不易破裂的套			
12		长柄操作工具（强外照射操作时）			

序号	检 查 项 目		设计建造	运行状态	备注
13*	A 场所 设施	放射性下水系统或暂存设施			
14		放射性下水系统标识			
15*		放射性同位素暂存库或设施			
16*		放射性固体废物暂存设施			
17*		安保设施			
18	B 监测 设备	固定式辐射监测报警仪			
19*		固定式或移动式气溶胶取样监测设备			
20*		放射性液态流出物取样监测设备（甲级）			
21*		放射性气体流出物取样监测设备（甲级）			
22*		便携式辐射监测仪表（污染、辐射水平等）			
23		个人剂量报警仪			
24*		个人剂量计			
25	C 防护 器材	联合工作服、面罩（甲级）			
26		防护手套、口罩等个人防护用品			
27	D 应急 物资	应急处理工具			
28		必备的警示标志和标识线			
29		合适的灭火器材			
30		去污用品和试剂			
31*		放射性同位素应急包装容器			

注：加*的项目是重点项，有“设计建造”的划✓，没有的划×；“运行状态”未见异常的划✓，不正常的及没有的划×；不适用的均划 /。不能详尽的在备注中说明。

3 管理制度

序号	检 查 项 目		成文制度	执行情况	备注
1	A 综合	辐射安全管理规定			
2	B 非密 封源	放射性物质的管理规定（生产、销售、贮存等）			
3	C 场所	场所分区管理规定（含人流、物流路线图）			
4		加速器操作规程			
5		放射性同位素操作规程（操作、贮存及包装等）			
6		去污操作规程			
7		安全防护设施的维护与维修制度（包括机构人员、维护维修内容与频度、重大问题管理措施、重新运行审批级别等）			
8	D 监测	监测方案			
9		监测仪表使用与校验管理制度			
10	E 人员	辐射工作人员个人剂量管理制度			
11		辐射工作人员培训/再培训管理制度			

序号	检查项目		成文制度	执行情况	备注
12	F 应急	辐射事故/事件应急预案			
13	G 三废	放射性“三废”管理规定			

4 法规执行情况

序号	检查内容	检查结果		
		有/是	无/否	备注
1	**许可证**			
1.1	持证单位的名称、地址、法定代表人是否进行了变更			
	如有：变更后是否办理许可证变更手续			
1.2	持证单位是否改变或超出所从事活动的种类或者范围			
	如有：是否按原申请程序重新申领许可证			
1.3	持证单位是否有新建、改建、扩建生产、使用设施或者场所			
	如有：是否按原申请程序重新申领许可证			
1.4	许可证是否在有效期限内			
	如超出：是否办理许可证延续手续			
2	**建设项目环境影响评价审批**			
2.1	是否有新建、改建、扩建使用设施或者场所			
	如有：是否通过环境影响评价审批			
3	**建设项目竣工环境保护验收**			
3.1	是否通过竣工环境保护验收审批			
	如无：是否有竣工环境保护验收监测报告			
4	**退役**			
4.1	是否有场所或设施退役			
	如有：是否通过退役环评审批			
	如有：是否通过退役终态验收			
5	**进出口、转让和转移**			
5.1	是否有放射性同位素进出口			
	如有：进出口审批和备案档案是否齐全			
5.2	是否有放射性同位素转让			
	如有：转让审批和备案档案是否齐全			
5.3	交接清单与转让批文上的交接单位是否一致			____年以来 共___份 抽查___份
	如不一致：销售对象是否持证、是否在许可范围			
6	**监测**			
6.1	工作区域和环境辐射水平测量档案			
6.2	个人剂量监测记录（包括内照射）			
6.3	排入环境的放射性气溶胶、废液中的放射性核素、活度或浓度、时间、审批及其他情况的记录或证件			
6.4	辐射监测仪器比对或刻度档案			

序号	检 查 内 容	检查结果		
		有/是	无/否	备注
7	**放射性物质管理**			
7.1	非密封放射性物质生产台账			
7.2	非密封放射性物质销售台账			
7.3	放射性废物处理档案是否齐全			
8	**辐射安全设施管理**			
8.1	安全防护设施维护与维修工作记录（包括检查项目、检查方法、检查结果、处理情况、检查时间、检查人员）			
9	**事故与事件**			
9.1	是否有辐射事故或事件			
	辐射事故或事件是否按规定报告			
10	**人员管理**			
10.1	注册核安全工程师人数是否满足要求			
10.2	辐射工作人员上岗前培训/再培训档案			
11	**辐射安全自查**			
11.1	定期辐射安全自查			
11.2	年度评估报告			

5 上次检查改进情况

已完成：

未完成（说明理由）：

6 存在的主要问题

检查日期__________________

检查人员签字______________________________________

被检单位代表签字______________________________________

辐射安全与防护监督检查技术程序（9）

程序编号：ST-9　　　　　　　　　　　　　　版本号：No.3

自屏蔽式加速器生产放射性药物场所监督检查技术程序

1. 监督检查目的

PET 用短寿命放射性药物加速器生产场所包括加速器场所和操作同位素工作场所，加速器最大能量可达 30 MeV。部分医院使用的是自屏蔽式的加速器。对这类单位进行监督检查，需要验证加速器场所和同位素工作场所的安全与防护措施是否满足国家相关法律、法规、条例或标准的要求，确保工作人员和环境的安全。

2. 检查程序适用范围

本程序适用于自屏蔽式的加速器生产 PET 用短寿命放射性药物场所的监督检查。

3. 引用标准和文件

（1）《粒子加速器辐射防护规定》（GB 5172）；

（2）《低、中水平放射性固体废物暂时贮存规定》（GB 11928）；

（3）《放射性废物管理规定》（GB 14500）；

（4）《操作非密封源的辐射防护规定》（GB 11930）。

4. 监督检查内容

监督检查的具体内容见监督检查表。

5. 监督检查意见

核实上次检查意见的落实及改进情况，提出本次检查中存在的问题和意见。

自屏蔽式加速器生产放射性药物场所监督检查表

1 场所基本情况

1.1 加速器基本信息

<table>
<tr><td>加速器型号</td><td></td><td>加速器类型</td><td colspan="2"></td></tr>
<tr><td>生产厂家</td><td colspan="4"></td></tr>
<tr><td colspan="5">生产厂家和销售单位是否一致，
如不一致，销售单位名称和持证情况※：</td></tr>
<tr><td>粒子最大能量</td><td colspan="4">MeV</td></tr>
<tr><td>粒子最大流强</td><td>mA</td><td colspan="2">粒子平均流强</td><td>mA</td></tr>
</table>

注：※ 销售并维修调试单位应持有使用Ⅱ类射线装置的许可证。

1.2 非密封放射性物质基本信息

核素名称	操作场所级别	物理/化学形态	简要工艺流程

2 安全防护设施运行情况

2.1 加速器大厅防护与安全

序号	项目	检 查 内 容	设计建造	运行状态	备注
1*	A 场所 设施	加速器厅为控制区			
2*		出入口电离辐射警示标志			
3*		出入口加速器运行状态显示			
4*		电视监控系统			
5		语音广播系统			
6*		控制区内有工作警报装置和警示标志			
7*	B 安全 联锁	机柜或操作台有防止非工作人员操作的锁定开关			
8*		门与加速器高压触发联锁			
9*		控制台有紧急停机按钮			
10		火灾报警仪与加速器联锁			
11*	C 监测 设备	控制区内固定式辐射剂量监测仪			
12*		个人剂量报警仪			
13*		γ和中子个人剂量计			
14		便携式γ剂量测量仪			
15		便携式中子剂量测量仪			
16*		便携式表面污染仪			

序号	项目	检　查　内　容	设计建造	运行状态	备注
17*	D 感生 放射性	强活化部件表面标有电离辐射警告标志			
18*		更换下来活化部件有专设的存放地点			
19*	E 其他	控制区通风系统			
20		停机后，控制区通风			
21		灭火器材			

注：加*的项目是重点项，有“设计建造”的划✓，没有的划×；“运行状态”未见异常的划✓，不正常的及没有的划×；不适用的均划 /。不能详尽的在备注中说明。

2.2 同位素生产场所辐射防护与安全

序号		检　查　项　目	设计建造	运行状态	备注
1*	A 场所 设施	场所分区布局是否合理及有无标识			
2*		出入口处电离辐射警示标志			
3*		卫生通过间			
4*		人员出口配备污染监测仪			
5*		单独的放射性通风设施			
6*		有负压和过滤的工作箱			
7*		易去污的工作台面和防污染覆盖材料			
8*		放射性液体容器不易破裂或有不易破裂的套			
9*		放射性下水系统或暂存设施			
10		放射性下水系统标识			
11*		放射性同位素暂存库或设施			
12*		放射性固体废物暂存设施			
13		安保设施			
14*	B 监测 设备	便携式监测仪器仪表（污染、辐射水平等）			
15		个人剂量报警仪			
16*		个人剂量计			
17	C 防护 用品	防护手套、口罩等个人防护用品			
18		工作服			
19	D 应急 物资	去污用品和试剂			
20		灭火器材			

注：加*的项目是重点项，有“设计建造”的划✓，没有的划×；“运行状态”未见异常的划✓，不正常的及没有的划×；不适用的均划 /。不能详尽的在备注中说明。

3 管理制度

序号	检查项目		成文制度	执行情况	备注
1	A 综合	辐射安全管理规定			
2	B 非密封源	放射性物质的管理规定（生产、销售等）			
3	C 场所	场所分区管理规定（含人流、物流路线图）			
4		加速器操作规程			
5		放射性同位素操作规程（操作、贮存及分装等）			
6		去污操作规程			
7		安全防护设施的维护与维修制度（包括机构人员、维护维修内容与频度、重大问题管理措施、重新运行审批级别等）			
8	D 监测	监测方案			
9		监测仪表使用与校验管理制度			
10	E 人员	辐射工作人员培训/再培训管理制度			
11		辐射工作人员个人剂量管理制度			
12	F 应急	辐射事故/事件应急预案			
13	G 三废	放射性“三废”管理规定			

4 法规执行情况

序号	检查内容	检查结果		
		有/是	无/否	备注
1	**许可证**			
1.1	持证单位的名称、地址、法定代表人是否变更			
	如有：变更后是否办理许可证变更手续			
1.2	是否改变或超出所从事活动的种类或者范围			
	如有：是否按原申请程序重新申领许可证			
1.3	是否新建、改建、扩建生产、使用设施或者场所			
	如有：是否按原申请程序重新申领许可证			
1.4	许可证是否在有效期限内			
	如超出：是否办理许可证延续手续			

序号	检 查 内 容	检查结果		
		有/是	无/否	备注
2	**建设项目环境影响评价审批**			
2.1	是否有新建、改建、扩建使用设施或者场所			
	如有：是否通过环境影响评价审批			
3	**建设项目竣工环境保护验收**			
3.1	是否通过竣工环境保护验收审批			
	如无：是否有竣工环境保护验收监测报告			
4	**退役**			
4.1	是否有场所或设施退役			
	如有：是否通过退役环评审批			
	如有：是否通过退役终态验收			
5	**放射性同位素转让**			
5.1	是否有放射性同位素的转让			
	如有：转让审批和备案档案是否齐全			
5.2	交接清单与转让批文上的交接单位是否一致			______年以来共______份，抽查______份
	如不一致：销售对象是否持证、是否在许可范围			
6	**监测**			
6.1	工作区域和环境辐射水平测量档案			
6.2	个人剂量监测记录（包括内照射）			
6.3	排入环境的放射性气溶胶、废液中的放射性核素、活度或浓度、时间、审批及其他情况的记录或证件			
6.4	辐射监测仪器比对或刻度档案			
7	**放射性物质管理**			
7.1	非密封放射性物质生产、使用台账			
7.2	非密封放射性物质销售台账			
7.3	放射性废物送贮或清洁解控档案是否齐全			
8	**辐射安全设施管理**			
8.1	安全防护设施维护与维修工作记录（包括检查项目、检查方法、检查结果、处理情况、检查时间、检查人员）			
9	**事故与事件**			
9.1	是否有辐射事故或事件			
	如有：辐射事故或事件是否按规定报告			
10	**人员管理**			
10.1	辐射工作人员上岗前培训/再培训档案			
11	**辐射安全自查**			

序号	检 查 内 容	检查结果		
		有/是	无/否	备注
11.1	定期辐射安全自查			
11.2	年度评估报告			

5 上次检查改进情况

已完成：

未完成（说明理由）：

6 存在的主要问题

检查日期__________________

检查人员签字____

被检单位代表签字______________________________________

附录 1-3 非医用放射性同位素使用监督检查技术程序

辐射安全与防护监督检查技术程序（10）

程序编号：FY1-1　　　　　　　　　　版本号：No.3

γ辐照装置监督检查技术程序

1．监督检查目的

γ辐照装置是核技术利用项目中应用放射源活度最大、潜在安全危害最大的项目。对拥有这类装置的单位的监督检查重点在：辐射安全和防护设施配置是否齐备、有效；放射源的增减或送贮（返回生产厂家）是否按法规要求进行；装置的运行和操作是否规范，是否严格执行规章制度，辐射事故/件应急预案是否满足法规要求，具有可操作性。

2．检查程序适用范围

本程序适用于水池贮源型γ辐照装置的监督检查。

3．引用标准和文件

（1）《γ辐照装置设计建造和使用规范》（GB 17568）；

（2）《γ辐照装置的辐射防护与安全规范》（GB 10252）；

（3）《γ射线和电子束辐照装置防护检测规范》（GB Z141）；

（4）《电离辐射防护与辐射源安全基本标准》（GB 18871）。

4．监督检查内容

监督检查的具体内容见监督检查表。

5．监督检查意见

核实上次检查意见的落实及改进情况，提出本次检查中存在的问题和意见。

γ辐照装置监督检查表

1 辐照装置基本情况（每个装置填 1 份）　　装置编号/型号：

装置设计单位			
启用时间	年　月	设计装源总活度	Bq
现有放射源枚数		现有放射源总活度	Bq

2 辐射安全防护设施与运行

序号	检查项目		设计建造	运行状态	备注
1*	A 钥匙控制	使用钥匙控制源的升降			
2*		人员和货物通道门钥匙串在一起，与升降源联锁			
3*		钥匙与便携式辐射报警仪牢固连在一起			
4*	B 出入控制	人员进入时携带便携式辐射剂量仪			
5*		人员进入时携带个人剂量报警仪			
6*		个人剂量计			
7*		辐照室入口设置检验源			
8		源离开屏蔽位置前发出声音警告			
9*		停电状态货物出入口防人误入措施（动态）			
10*	C 剂量监测探头	控制区内，且与人员通道门联锁			
11*		与源升降联锁			
12*		货物出口处，且与传送链联锁（动态）			
13		水处理间第一级过滤处			
14	D 警示装置	进出口门上设置电离辐射警告标志			
15		进出口门上方设置显示放射源状况的指示器			
16*	E 人员通道门	人员通道门与源升降联锁装置			
17		通道门内侧设置紧急开门按钮			
18*	F 防人误入与误留装置	人员通道设置 2～3 道防人误入的紧急降源装置			
19*		货物进入通道设置 2～3 道防人误入的紧急降源装置			
20*		货物出口通道设置 2～3 道防人误入的紧急降源装置			
21		指示人员出口的自发光牌（长亮光标）			
22*		辐照室屋顶屏蔽塞与升降源联锁			
23*		停电无法打开人员通道门			
24*		控制区 2～4 个顺序无人复位按钮			
25*	G 紧急降源装置	控制区紧急降源装置（拉线开关）			
26*		控制台上设置紧急降源装置			
27*		断电自动降源			
28*		货物传送链与降源联锁（动态）			
29		源架紧急迫降装置			
30		手动回源装置			

序号	检 查 项 目		设计建造	运行状态	备注
31	H 货物 进出口	货箱设置堵门功能（动态）			
32		门与货物传送系统配合开闭（动态）			
33*	I 防卡 措施	源架必须设有护罩或防撞杆，并与辐照室构筑物牢固连接			
34		过源段设有导向定位机构（动态）			
35*		过源段入口设置防碰撞报警装置并与传输系统及升降源联锁（动态）			
36		辐照箱门锁的结构应具有可靠的防止开启功能（动态）			
37*		货物入口外设置开门检测装置并与传送链联锁（动态）			
38*		堆码的货物不能高于护源罩外的防护栏（静态）			
39		防止钢丝绳脱槽的装置			
40*	J 其他	辐照室内移动电视监控系统			
41*		能覆盖辐照物品的灭火喷淋系统			
42*		辐照室内有烟雾报警装置并与通风和源升降联锁			
43		贮源井水循环处理系统			
44*		水位报警及补水系统			
45		水位与升降源联锁			
46*		冷却系统（100 万居里以上）			
47*		通风设施与源升降联锁			
48		人员通道门延时开门设置			
49		合适的灭火器（剂）			

注：加*的项目是重点项，有“设计建造”的划✓，没有的划×；“运行状态”未见异常的划✓，不正常的及没有的划×；不适用的划 /。不能详尽的在备注中说明。

3 管理制度与执行情况

序号	检 查 项 目		成文制度	执行情况	备注
1	A 综合	辐射安全管理规定			
2		放射源管理制度（使用、转让、送贮、返回及台账等）			
3		放射源更换/加装管理制度			
4	B 场所 设施	运行操作规程			
5		安全防护设施的维护与维修制度（包括机构人员、维护维修内容与频度、重大问题管理措施、重新运行审批级别等）			
6	C 监测	监测方案			
7		监测仪表使用与校验管理制度			
8	D 人员	辐射工作人员培训/再培训管理制度			
9		辐射工作人员个人剂量管理制度			
10	E 应急	辐射事故/事件应急预案			
11	F 三废	放射性“三废”管理规定			

4 法规执行情况

序号	检 查 内 容	检查结果		
		有/是	无/否	备注
1	**许可证**			
1.1	持证单位的名称、地址、法定代表人是否变更			
	如有：变更后是否办理许可证变更手续			
1.2	是否改变或超出所从事活动的种类或者范围			
	如有：是否按原申请程序重新申领许可证			
1.3	是否新建、改建、扩建生产、使用设施或者场所			
	如有：是否按原申请程序重新申领许可证			
1.4	许可证是否在有效期限内			
	如超出：是否办理许可证延续手续			
2	**建设项目环境影响评价审批**			
2.1	是否有新建、改建、扩建使用设施或者场所			
	如有：是否通过环境影响评价审批			
3	**建设项目竣工环境保护验收**			
3.1	是否通过竣工环境保护验收审批			
	如无：是否有竣工环境保护验收监测报告			
4	**退役**			
4.1	是否有场所退役			
	如有：是否通过退役环评审批			
	如有：是否通过退役终态验收			
5	**放射源**			
5.1	放射源台账（放射性同位素的核素名称、出厂时间和活度、编码、来源和去向）			
5.2	是否有放射源进出口			
	如有：放射源的进出口审批档案是否齐全			
5.3	是否有放射源的转让			
	如有：转让审批或备案档案是否齐全			
5.4	增减放射源是否办理副本增减项			
5.5	是否有放射源的返回或送贮			
	如有：返回或送贮备案档案是否齐全			
6	**监测**			
6.1	工作区域和环境辐射水平测量档案			
6.2	个人剂量监测记录			
6.3	贮源井水监测记录			
6.4	监测仪器比对或刻度档案			
7	**贮源井水管理**			
7.1	是否有贮源井水排放			
7.2	如有：排放档案是否齐全（批准、监测、记录等）			
8	**辐射安全设施管理**			
8.1	安全防护设施维护与维修工作记录（包括检查项目、检查方法、检查结果、处理情况、检查时间、检查人员）			

序号	检 查 内 容	检查结果		
		有/是	无/否	备注
9	**事故与事件**			
9.1	是否有辐射事故或事件			
	如有：辐射事故和事件是否按规定报告			
10	**人员管理**			
10.1	注册核安全工程师人数是否满足要求			人数
10.2	辐射工作人员上岗前培训/再培训档案			
11	**辐射安全自查**			
11.1	定期辐射安全自查			
11.2	年度评估报告			

5 上次检查改进情况

已完成：

未完成（说明理由）：

6 存在的主要问题

检查日期__________________

检查人员签字____________________________________

被检单位代表签字____________________________________

辐射安全与防护监督检查技术程序（11）

程序编号：FY1-2　　　　　　　　　　　　版本号：No.3

自屏蔽式γ辐照器监督检查技术程序

1. 监督检查目的

自屏蔽式γ辐照器主要用于科研、血液、细胞辐照等。按 IAEA 对实践的分类，这类辐照器应归入Ⅰ类放射源实践，潜在危险较大。采取措施防止放射源被盗或者失控，避免人员受到意外照射是本项监督检查的目的。

2. 检查程序适用范围

本程序适用于自屏蔽式γ辐照装置的监督检查。

3. 引用标准和文件

《电离辐射防护与辐射源安全基本标准》（GB 18871）。

4. 监督检查内容

监督检查的具体内容见监督检查表。

5. 监督检查意见

核实上次检查意见的落实及改进情况，提出本次检查中存在的问题和意见。

自屏蔽式γ辐照器例行监督检查表

1 辐照器基本情况（每个辐照器填 1 份） 装置编号/型号：

装置设计单位			
放射源名称		设计装源总活度	Bq
现有放射源枚数		现有放射源总活度	Bq

2 辐射安全防护设施与运行

序号	检查项目		设计建造	运行状态	备注
1*	A 辐照器	防止非工作人员操作的锁定开关			
2*		放射源编码与辐照器对应清晰明了			
3*		断电或故障时源自动回贮存位			
4		手动回源			
5		操作位有安全操作文字说明			
6*	B 监测 设备	个人剂量计			
7*		个人剂量报警仪			
8		便携式辐射剂量仪			
9*	C 警告 标志	辐照室门外电离辐射警告标志			
10*		辐照器表面电离辐射警告标志			
11*		辐照器工作状态显示			
12*	D 其他	防盗装置			
13		防火设备			

注：加*的项目是重点项，有“设计建造”的划✓，没有的划×；“运行状态”未见异常的划✓，不正常的及没有的划×；不适用的划 /。不能详尽的在备注中说明。

3 管理制度

序号	检查项目		成文制度	执行情况	备注
1	A 综合	辐射安全管理规定			
2		运行操作规程			
3		安全防护设施的维护与维修制度（包括机构人员、维护维修内容与频度）			
4	B 放射源	放射源管理制度（转让、使用、送贮、返回及台账等）			
5		换源管理规定			
6	C 监测	监测方案			
7		监测仪表使用与校验管理制度			
8	D 人员	辐射工作人员培训/再培训管理制度			
9		辐射工作人员个人剂量管理制度			
10	E 应急	辐射事故/事件应急预案			

4 法规执行情况

序号	检 查 内 容	检查结果		
		有/是	无/否	备注
1	**许可证**			
1.1	持证单位的名称、地址、法定代表人是否变更			
	如有：变更后是否办理许可证变更手续			
1.2	是否改变或超出所从事活动的种类或者范围			
	如有：是否按原申请程序重新申领许可证			
1.3	是否新建、改建、扩建生产、使用设施或者场所			
	如有：是否按原申请程序重新申领许可证			
1.4	许可证是否在有效期限内			
	如超出：是否办理许可证延续手续			
2	**建设项目环境影响评价审批**			
2.1	是否有新建、改建、扩建使用设施或者场所			
	如有：是否通过环境影响评价审批			
3	**建设项目竣工环境保护验收**			
3.1	是否通过竣工环境保护验收审批			
	如无：是否有竣工环境保护验收监测报告			
4	**退役**			
4.1	是否有场所退役			
	如有：是否通过退役环评审批			
	如有：是否通过退役终态验收			
5	**监测**			
5.1	工作区域和环境辐射水平测量档案			
5.2	个人剂量监测记录			
5.3	监测仪器比对或刻度档案			
6	**放射源管理**			
6.1	放射源台账			
6.2	是否有放射源的转让			
	如有：转让审批或备案档案是否齐全			
6.3	是否有废旧放射源返回或送贮			
6.4	如有：返回或送贮备案档案是否齐全			
7	**辐射安全设施管理**			
7.1	安全防护设施维护与维修工作记录（包括检查项目、检查方法、检查结果、处理情况、检查时间、检查人员）			
8	**事故与事件**			
8.1	是否有辐射事故			
8.2	如有：辐射事故是否按规定报告			
9	**人员管理**			
9.1	辐射工作人员上岗前培训/再培训档案			
11	**辐射安全自查**			
11.1	定期辐射安全自查			
11.2	年度评估报告			

5 上次检查改进情况

已完成：

未完成（说明理由）：

6 存在的主要问题

检查日期________________

检查人员签字________________________________

被检单位代表签字________________________________

辐射安全与防护监督检查技术程序（12）
程序编号：FY1-3 版本号：No.3

刻度用γ/n 源场所监督检查技术程序

1. 监督检查目的

辐射剂量刻度使用Ⅰ类γ/n 放射源来校正放射治疗剂量和检测设备。这类场所使用的放射源活度大、能量高，应采取措施防止工作人员误入正在照射的场所，避免其受到意外的辐射照射。

2. 检查程序适用范围

本程序适用于剂量刻度、标定与检定单位Ⅰ类γ/n 射线场所的监督检查。Ⅱ类、Ⅲ类放射源刻度项目参照执行。

3. 引用标准和文件

（1）医用γ射线远距治疗设备放射卫生防护标准（GB 16351）；
（2）医用γ射束远距治疗防护与安全标准（GBZ 161）；
（3）γ远距治疗室设计防护要求（GBZ/T 152）。

4. 监督检查内容

监督检查的具体内容见监督检查表。

5. 监督检查意见

核实上次检查意见的落实及改进情况，提出本次检查中存在的问题和意见。

刻度用γ/n 源场所例行监督检查表

1 装置基本情况　　　　装置编号/型号：

装置设计单位			
放射源名称		设计装源总活度	Bq
现有放射源枚数		总活度	Bq

2 辐射安全防护设施与运行

序号	检查项目		设计建造	运行状态	备注
1*	A 场所设施	出入口电离辐射警示标志			
2*		出入口源工作状态显示			
3*		防止非工作人员操作的锁定开关			
4*		门与源联锁			
5*		门与辐射剂量联锁（Ⅰ类）			
6*		照射室监视设备			
7*		迷道（Ⅰ类）			
8*		防护门			
9*		控制台紧急停止照射按钮			
10*		刻度室内紧急回源装置			
11		通风设施			
12*	B 监测设备	刻度室内固定式辐射监测仪			
13*		便携式辐射监测仪			
14*		个人剂量报警仪			
15*		个人剂量计			
16	C 应急物资	长杆处理工具			
17		灭火器材			

注：加*的项目是重点项，有“设计建造”的划✓，没有的划×；“运行状态”未见异常的划✓，不正常的及没有的划×；不适用的划 /。不能详尽的在备注中说明。

3 管理制度

序号	检查项目		成文制度	执行情况	备注
1	A 综合	辐射安全管理规定			
2		操作规程			
3		安全防护设施的维护与维修制度（包括机构人员、维护维修内容与频度、重大问题管理措施、重新运行审批级别等）			

序号	检 查 项 目		成文制度	执行情况	备注
4	B 放射源	放射源管理规定（转让、使用、返回、送贮及台账等）			
5		换源管理规定			
6	C 监测	监测方案			
7		监测仪表使用与校验管理制度			
8	D 人员	辐射工作人员培训/再培训管理制度			
9		辐射工作人员个人剂量管理制度			
10	E 应急	辐射事故/事件应急预案			

4 法规执行情况

序号	检 查 内 容	检查结果		
		有/是	无/否	备注
1	**许可证**			
1.1	持证单位的名称、地址、法定代表人是否变更			
	如有：变更后是否办理许可证变更手续			
1.2	是否改变或超出所从事活动的种类或者范围			
	如有：是否按原申请程序重新申领许可证			
1.3	是否新建、改建、扩建生产、使用设施或者场所			
	如有：是否按原申请程序重新申领许可证			
1.4	许可证是否在有效期限内			
	如超出：是否办理许可证延续手续			
2	**建设项目环境影响评价审批**			
2.1	是否有新建、改建、扩建使用设施或者场所			
	如有：是否通过环境影响评价审批			
3	**建设项目竣工环境保护验收**			
3.1	是否通过竣工环境保护验收审批			
	如无：是否有竣工环境保护验收监测报告			
4	**退役**			
4.1	是否有场所退役			
	如有：是否通过退役环评审批			
	如有：是否通过退役终态验收			
5	**放射源管理**			
5.1	放射源台账			
5.2	是否有放射源进出口			
	如有：进出口审批档案是否齐全			
5.3	是否有放射源转让			
	如有：转让审批或备案档案是否齐全			
5.4	增减放射源是否办理副本增减项			
5.5	是否有放射源的返回或送贮			
	如有：返回或送贮备案档案是否齐全			

序号	检 查 内 容	检查结果		
		有/是	无/否	备注
6	**监测**			
6.1	工作区域和环境辐射水平测量档案			
6.2	个人剂量监测记录			
6.3	监测仪器比对或刻度档案			
7	**辐射安全设施管理**			
7.1	安全防护设施维护与维修工作记录（包括检查项目、检查方法、检查结果、处理情况、检查时间、检查人员）			
8	**事故与事件**			
8.1	是否有辐射事故或事件			
	如有：辐射事故或事件是否按规定报告			
10	**人员管理**			
10.1	注册核安全工程师人数是否满足要求			
10.2	辐射工作人员上岗前培训/再培训档案			
11	**辐射安全自查**			
11.1	定期辐射安全自查			
11.2	年度评估报告			

5 上次检查改进情况

已完成：

未完成（说明理由）：

6 存在的主要问题

检查日期________________

检查人员签字______________________________

被检单位代表签字______________________________

辐射安全与防护监督检查技术程序（13）
程序编号：FY1-4　　　　　　　　　　　　　　版本号：No.3

放射源及放射性废物收贮单位监督检查技术程序

1. 监督检查目的

在放射源收贮库中，暂存着大量放射源，有些还存在放射性气体，按照放射源分类，该类库中的聚集源活度都能达到Ⅰ类源水平，因此放射源库的安全和保安是监督检查的重点。

2. 检查程序适用范围

本程序适用于放射源库收贮单位的监督检查，其他单位的贮存库参照执行。

3. 引用标准和文件

（1）《放射性废物管理规定》（GB 14500）；
（2）《放射性废物的分类》（GB 9133）；
（3）《电离辐射防护与辐射源安全基本标准》（GB 18871）；
（4）《低、中水平放射性固体废物暂时贮存规定》（GB 11928）；
（5）《城市放射性废物管理办法》（国家环保总局，1987）。

4. 监督检查内容

监督检查的具体内容见监督检查表。

5. 监督检查意见

核实上次检查意见的落实及改进情况，提出本次检查中存在的问题和意见。

放射源及放射性废物收贮单位监督检查表

1 收贮库基本信息

收贮库应用起始时间：	年　　月	设计贮存总容量：	m^3
目前库存放射源总数：	枚	目前放射性废物总量：	m^3

2 辐射安全防护设施与运行

序号	检　查　项　目		设计建造	运行状态	备注
1*	A 场所设施 （贮存）	源库出入口电离辐射警示标志			
2		监控室控制总电源			
3		人流物流通道控制			
4*		双人双“锁”			
5*		非法入侵报警装置（至少 2 重）			
6*		监视系统			
7		场所内声光警示			
8*		固定式剂量监测仪			
9*		库坑分区（半衰期、挥发性等）			
10*		通风系统（进风、排风、过滤）			
11		防盗防洪措施			
12		火灾报警仪			
13*		车辆去污及废水收集设施			
14	B 监测设备	便携式辐射监测仪			
15*		个人剂量报警仪			
16*		个人剂量计			
17	C 防护器材	合适的屏蔽和个人防护用品			
18	D 应急物资	去污用品和试剂			
19*		应急处理工具（如长柄工具等）			
20		必备的警示标志和标识线			
21		灭火器材			
22		通信联络设备			
23*		放射性同位素应急包装容器			

注：加*的项目是重点项，有“设计建造”的划✓，没有的划×；“运行状态”未见异常的划✓，不正常的及没有的划×；不适用的均划 /。不能详尽的在备注中说明。

3 规章制度及执行情况

序号	检 查 项 目		成文制度	执行情况	备注
1	A 综合	辐射安全管理规定			
2	B 放射性物质	放射源收贮管理规定			
3		放射性废物收贮管理规定			
4	C 场所	贮存场所管理制度（含保安管理规定）			
5		安全防护设施的维修与维护制度（包括机构人员、维护维修内容与频度、重大问题管理措施等）			
6	D 监测	监测方案			
7		监测仪表使用与校验管理制度			
8	E 人员	辐射工作人员培训/再培训管理制度			
9		辐射工作人员个人剂量管理制度			
10	F 包装运输	包装整备管理规定			
11		运输管理规定			
12	G 应急	辐射事故应急预案			

4 法规执行情况

序号	检 查 内 容	检查结果		
		有/是	无/否	备注
1	**许可证**			
1.1	持证单位的名称、地址、法定代表人是否变更			
	如有：变更后是否办理许可证变更手续			
1.2	是否改变或超出所从事活动的种类或者范围			
	如有：是否按原申请程序重新申领许可证			
1.3	是否新建、改建、扩建生产、使用设施或者场所			
	如有：是否按原申请程序重新申领许可证			
1.4	许可证是否在有效期限内			
	如超出：是否办理许可证延续手续			
2	**建设项目环境影响评价审批**			
2.1	是否有新建、改建、扩建使用设施或者场所			
	如有：是否通过环境影响评价审批			
3	**建设项目竣工环境保护验收**			
3.1	是否通过竣工环境保护验收审批			
	如无：是否有竣工环境保护验收监测报告			
4	**退役**			
4.1	是否有场所退役			
	如有：是否通过退役环评审批			
	如有：是否通过退役终态验收			
5	**监测**			

序号	检 查 内 容	检查结果		
		有/是	无/否	备注
5.1	工作区域和环境辐射水平测量档案			
5.2	个人剂量监测记录			
5.3	监测仪器比对或刻度档案			
6	**废源（废物）管理**			
6.1	废旧放射源计算机管理系统			
6.2	放射源台账及备案文件			
6.3	废物（废源）的处理记录			
6.4	废旧放射源的再利用档案			
7	**辐射安全设施管理**			
7.1	安全防护设施维护与维修工作记录（包括检查项目、检查方法、检查结果、处理情况、检查时间、检查人员）			
8	**事故与事件**			
8.1	是否有辐射事故或事件			
8.2	如有：辐射事故或事件是否按规定报告			
9	**人员管理**			
9.1	注册核安全工程师人数是否满足要求			
9.2	辐射工作人员上岗前培训/再培训档案			
10	**辐射安全自查**			
10.1	定期辐射安全自查			
10.2	年度评估报告			

5 上次检查改进情况

已完成：

未完成（说明理由）：

6 存在的主要问题

检查日期________________

检查人员签字______________________________

被检单位代表签字______________________________

辐射安全与防护监督检查技术程序（14）
程序编号：FY1-5　　　　　　　　　　　　　　　　版本号：No.3

放射性同位素销售单位监督检查技术程序

1．监督检查目的

放射源的销售主要涉及放射源的进出账目，有的涉及放射源运输及暂存过程中的保安与事故应急。对该类单位的监督检查主要是核查放射源的台账、用户档案及转让审批文件、废源返回以及放射源运输及暂存的安全。

2．检查程序适用范围

本程序适用于放射性同位素销售活动。如开展含源设备调试，按使用放射源管理。

3．引用标准和文件

（1）《放射性同位素与射线装置安全和防护条例》（国务院令　第449号）；

（2）《放射性物品运输安全管理条例》（国务院令　第562号）；

（3）《放射性同位素与射线装置安全许可管理办法》（国家环境保护总局令　第31号）；

（4）《关于发布放射源编码规则的通知》（环发[2004]118号）；

（5）《关于建立放射性同位素与射线装置辐射事故分级处理和报告制度的通知》（环发[2006]145号）。

4．监督检查内容

监督检查的具体内容见监督检查表。

5．监督检查意见

核实上次检查意见的落实及改进情况，提出本次检查中存在的问题和意见。

放射性同位素销售单位监督检查表

1 辐射安全防护设施与运行

序号	检查项目		设计建造	运行状态	备注
1*	A 库房	出入口处电离辐射警示标志			
2*		双人双“锁”			
3*		非法入侵报警装置			
4		监视系统			
5*		防盗装置			
6		火灾报警仪			
7		应急出口			
8*	B 监测设备	便携式监测仪（表面污染、辐射水平等）			
9*		个人剂量报警仪			
10*		个人剂量计			
11	C 防护器材	合适的屏蔽和个人防护用品			
12	D 应急物资	去污用品和试剂			
13*		应急处理工具（如剑式机械手等）			
14		必备的警示标志和标识线			
15*		灭火器材			
16*		放射源应急包装容器			

注：加*的项目是重点项，有“设计建造”的划✓，没有的划×；“运行状态”未见异常的划✓，不正常的及没有的划×；不适用的划 /。不能详尽的在备注中说明。

2 管理制度

序号	检查项目		成文制度	执行情况	备注
1	A 综合	辐射安全管理规定			
2	B 销售	放射性同位素销售及进出口管理制度			
3		放射性同位素台账管理制度			
4	C 贮存、运输和监测	库房管理制度（含保安管理规定）			
5		放射性货包监测制度			
6		监测仪表使用与校验管理制度			
7	D 人员	辐射工作人员培训/再培训管理制度			
8		辐射工作人员个人剂量管理制度			
9	E 应急	辐射事故/事件应急预案			

3 法规执行情况

序号	检查内容	检查结果		
		有/是	无/否	备注
1	**许可证**			
1.1	持证单位的名称、地址、法定代表人是否变更			
	如有：变更后是否办理许可证变更手续			
1.2	是否改变或超出所从事活动的种类或者范围			
	如有：是否按原申请程序重新申领许可证			
1.3	是否新建、改建、扩建生产、使用设施或者场所			
	如有：是否按原申请程序重新申领许可证			
1.4	许可证是否在有效期限内			
	如超出：是否办理许可证延续手续			
2	**建设项目环境影响评价审批**			
2.1	是否有新建、改建、扩建使用设施或者场所			
	如有：是否通过环境影响评价审批			
3	**建设项目竣工环境保护验收**			
3.1	是否通过竣工环境保护验收审批			
	如无：是否有竣工环境保护验收监测报告			
4	**退役**			
4.1	是否有场所退役			
	如有：是否通过退役环评审批			
	如有：是否通过退役终态验收			
5	**销售档案**			
5.1	是否有放射性同位素进出口			
	如有：放射性同位素的进出口审批档案是否齐全			
5.2	是否有放射性同位素的转让			
	如有：转让审批和备案档案是否齐全			
5.3	放射源、非密封放射性物质、含源设备的销售交接清单与转让批文上的交接单位是否一致			____ 年以来共_____份，抽查____份
	如不一致：销售对象是否持证，是否在许可范围内			
5.4	用户档案			
6	**放射性物质管理**			
6.1	密封源销售台账（放射性同位素的核素名称、出厂时间和活度、来源和去向、审批编号、备案时间）			
6.2	非密封放射性物质销售台账			
6.3	是否有放射源的返回或送贮			
	如有：返回或送贮备案档案是否齐全			
6.4	是否有放射性废物送贮			
	如有：档案是否齐全			
7	**监测**			
7.1	贮存场所及其环境辐射水平测量档案			
7.2	个人剂量监测记录			
7.3	监测仪器比对或刻度档案			

序号	检 查 内 容	检查结果		
		有/是	无/否	备注
8	**事故与事件**			
8.1	是否有辐射事故或事件			
	如有：辐射事故或事件是否按规定报告			
9	**人员管理**			
9.1	辐射工作人员上岗前培训/再培训档案			
10	**辐射安全自查**			
10.1	定期辐射安全自查			
10.2	年度评估报告			

4 上次检查改进情况

已完成：

未完成（说明理由）：

5 存在的主要问题

检查日期__________

检查人员签字____

被检单位代表签字____

辐射安全与防护监督检查技术程序（15）
程序编号：FY2-1　　　　　　　　　　　　　　　　　版本号：No.3

γ射线大型客体检查系统监督检查技术程序

1．监督检查目的

γ射线大型客体检查系统主要是用于监管部门（如海关、运输管理部门）对集装箱内运输货物、铁路列车装载物和汽车车辆装载物等进行检查的装置。该系统使用的放射源活度较大，具有一定的潜在危险。其安全防护措施能否防止放射源失控，避免人员误入正在照射的场所受到意外辐射照射是本项监督检查的主要目的。

2．检查程序适用范围

本程序适用于生产、使用γ射线大型客体检查系统的监督检查。

3．引用标准和文件

（1）《集装箱检查系统放射卫生防护标准》（GBZ 43）；
（2）《工业γ射线探伤卫生防护标准》（GBZ 132）。

4．监督检查内容

监督检查的具体内容见监督检查表。

5．监督检查意见

核实上次检查意见的落实及改进情况，提出本次检查中存在的问题和意见。

γ射线大型客体检查系统例行监督检查表

1 辐射安全防护设施与运行

序号	检 查 项 目			设计建造	运行状态	备注
1*	A 场所设施		警戒线、电离辐射警示标志（移动式）			
2			场所声/光等警示			
3			出入口处电离辐射警示标志			
4*			安保设施（移动式、贮存场所必备）			
5*			视频成像监视系统			
6*			放射性同位素暂存库或设施（生产单位）			
7			专用车库（车载移动式）			
8*	B 放射源安全	固定式	主控制台与涉源操作系统钥匙联锁			
9*			放射源容器快门位置显示			
10*			源室门与快门联锁			
11*			摇源操作箱与快门联锁			
12*			源室门与摇源操作箱联锁			
13*			出入口处防误入装置与快门联锁			
14*			断电保护与快门联锁			
15			故障时自动回源			
16*			紧急回源开关			
17*		组合移动式	主控制台与涉源操作系统钥匙联锁			
18*			放射源容器快门位置显示			
19*			放射源装置门与快门联锁			
20			移动机架与放射源装置门联锁			
21*			出入口处防误入装置与快门联锁			
22*			断电保护与快门联锁			
23			故障时自动回源			
24*			紧急回源开关			
25*		车载移动式	主控制台与涉源操作系统钥匙联锁			
26*			放射源容器快门位置显示			
27*			放射源装置门与快门联锁			
28*			断电保护与快门联锁			
29			故障时自动回源			
30*			紧急回源开关			
31*	C 监测设备		快门状态监控剂量仪			
32*			便携式辐射监测仪器仪表			
33*			个人剂量报警仪			
34*			个人剂量计			
35	D 应急物资		警示标志和警示线			
36			灭火器材			

注：加*的项目是重点项，有“设计建造”的划✓，没有的划×；“运行状态”未见异常的划✓，不正常的及没有的划×；不适用的均划 /。不能详尽的在备注中说明。

2 管理制度

序号	检 查 项 目		成文制度	执行情况	备注
1	A 综合	辐射安全管理规定			
2		操作规程			
3	B 放射源	放射源管理规定（购买、领用、保管、转让、返回或送贮）			
4		换源管理规定			
5		运输管理规定			
6	C 场所	保安管理规定			
7		安全防护设施的维修与维护制度（包括机构人员、维护维修内容与频度、重大问题管理措施、重新运行审批级别等）			
8	D 监测	监测方案			
9		监测仪表使用与校验管理制度			
10	E 人员	辐射工作人员培训/再培训管理制度			
11		辐射工作人员个人剂量管理制度			
12	F 应急	辐射事故/事件应急预案			

3 法规执行情况

序号	检 查 内 容	检查结果		
		有/是	无/否	备注
1	**许可证**			
1.1	持证单位的名称、地址、法定代表人是否变更			
	如有：变更后是否办理许可证变更手续			
1.2	是否改变或超出所从事活动的种类或者范围			
	如有：是否按原申请程序重新申领许可证			
1.3	是否新建、改建、扩建生产、使用设施或者场所			
	如有：是否按原申请程序重新申领许可证			
1.4	许可证是否在有效期限内			
	如超出：是否办理许可证延续手续			
2	**建设项目环境影响评价审批**			
2.1	是否有新建、改建、扩建使用设施或者场所			
	如有：是否通过环境影响评价审批			
3	**建设项目竣工环境保护验收**			
3.1	是否通过竣工环境保护验收审批			
	如无：是否有竣工环境保护验收监测报告			
4	**退役**			
4.1	是否有场所或装置退役			
	如有：是否通过退役环评审批			
	如有：是否通过退役终态验收			
5	**进出口、转让和转移**			
5.1	是否有放射性同位素进出口			
	如有：进出口审批档案是否齐全			
5.2	是否有放射性同位素的转让和转移			
	如有：转让和转移审批或备案档案是否齐全			

序号	检 查 内 容	检查结果		
		有/是	无/否	备注
6	**监测**			
6.1	工作区域和环境辐射水平测量档案			
6.2	个人剂量监测记录			
6.4	监测仪器比对或刻度档案			
7	**放射源管理**			
7.1	放射源台账（放射性同位素的核素名称、出厂时间、活度、编码、来源和去向）			
7.2	是否有放射源的返回或送贮			
	如有：返回或送贮备案档案是否齐全			
8	**辐射安全设施管理**			
8.1	安全防护设施维护与维修工作记录（包括检查项目、检查方法、检查结果、处理情况、检查时间、检查人员）			
9	**事故与事件**			
9.1	是否有辐射事故或事件			
9.2	如有：辐射事故或事件是否按规定报告			
11	**人员管理**			
11.1	辐射工作人员上岗前培训/再培训档案			
12	**辐射安全自查**			
12.1	定期辐射安全自查			
12.2	年度评估报告			

4 上次检查改进情况

已完成：

未完成（说明理由）：

5 存在的主要问题

检查日期__________________

检查人员签字____

被检单位代表签字____

辐射安全与防护监督检查技术程序（16）

程序编号：YY2-2　　　　　　　　　　　　　　　版本号：No.3

γ射线探伤场所监督检查技术程序

1. 监督检查目的

工业γ射线探伤主要使用的是Ⅱ、Ⅲ类放射源，用于焊接部件质量好坏的情况检查，有手提式、移动式和固定式三类。手提式探伤机由于体积小，可携带，容易丢失被盗，因此，探伤场所的检查重点是采取措施防止放射源被盗或者失控，避免人员误入正在照射的场所而受到意外辐射照射。

2. 检查程序适用范围

本程序适用于使用工业γ射线探伤系统的监督检查。

3. 引用标准和文件

（1）《γ射线探伤机》（GB/T 14058）；

（2）《关于印发〈关于γ射线探伤装置的辐射安全要求〉的通知》（环发[2007]8 号）。

4. 监督检查内容

监督检查的具体内容见监督检查表。

5. 监督检查意见

核实上次检查意见的落实及改进情况，提出本次检查中存在的问题和意见。

γ 射线探伤场所监督检查表

1 基本情况

γ射线探伤机和放射源基本情况（每台探伤机填 1 份）

<table>
<tr><td>生产厂及资质</td><td></td><td>出厂日期</td></tr>
<tr><td>探伤机编号</td><td colspan="2">设计的最大额定装源活度：</td></tr>
<tr><td colspan="3">生产厂家是否负责装源和维修调试，如是，持证情况※：</td></tr>
<tr><td rowspan="2">现用放射源</td><td>核素名称</td><td>出厂日期</td></tr>
<tr><td colspan="2">放射源编码 □□□□□□□□□□□□□□</td></tr>
</table>

注：※ 装源和维修调试的单位应持有使用相应类别放射源的许可证。

2 辐射安全防护设施与运行

序号	检 查 项 目		设计建造	运行状态	备注
1*	A 探伤机	源容器电离辐射标志			
2		探伤机表面金属铭牌文字和标记			
3*		安全锁和专用钥匙			
4*		安全锁与源联锁			
5*		放射源回位自锁装置			
6*		遥控装置与源联锁（电动式）			
7*		源位指示器			
8		源离开源容器声音提示			
9		故障保护装置（自动式）			
10*		紧急回源装置（电动式）			
11*		贮存场所保安措施			
12*	B 固定式 探伤室	探伤室内视频监控或清场按钮			
13*		场所出入口电离辐射警示标志			
14*		工作状态显示（出入口）			
15*		门机联锁（电动式）			
16		场所内固定式辐射剂量仪与门联锁			
17*	C 移动式 探伤	场所分区			
18*		警示标志和警戒线			
19*		场所边界文字说明、声音、光电等警示			
20*	D 监测设备	便携式辐射剂量监测仪			
21*		个人剂量报警仪			
22*		个人剂量计			
23	E 应急物资	应急处理工具（如长柄夹具等）			
24		放射源应急屏蔽材料			
25		灭火器材			
26		个人防护用品			

注：加*的项目是重点项，有“设计建造”的划✓，没有的划×；“运行状态”未见异常的划✓，不正常的及没有的划×；不适用的均划 /。不能详尽的在备注中说明。

3 管理制度

序号	检 查 项 目		成文制度	执行情况	备注
1	A 综合	辐射安全与防护管理规定			
2		操作规程			
3		安全防护设施的维护与维修制度（包括机构人员、维护维修内容与频度重大问题管理措施、重新运行审批级别等）			
4		保安管理制度			
5		运输管理规定			
6		放射源管理规定（购买、使用、转让、返回或送贮等）			
7	B 监测	监测方案			
8		监测仪表使用与校验管理制度			
9	C 人员	辐射工作人员培训/再培训管理制度			
10		辐射工作人员个人剂量管理制度			
11	D 应急	辐射事故应急预案			

4 法规执行情况

序号	检 查 内 容	检查结果		
		有/是	无/否	备注
1	**许可证**			
1.1	持证单位的名称、地址、法定代表人是否变更			
	如有：变更后是否办理许可证变更手续			
1.2	是否改变或超出所从事活动的种类或者范围			
	如有：是否按原申请程序重新申领许可证			
1.3	是否新建、改建、扩建生产、使用设施或者场所			
	如有：是否按原申请程序重新申领许可证			
1.4	许可证是否在有效期限内			
	如超出：是否办理许可证延续手续			
2	**环评**			
2.1	持证单位是否新建、改建、扩建使用设施或者场所			
	相应的环境影响评价是否通过审批			
3	**建设项目竣工环境保护验收**			
3.1	是否通过竣工环境保护验收审批			
	如无：是否有竣工环境保护验收监测报告			
4	**退役**			
4.1	是否有场所退役			
	如有：是否通过退役环评审批			
	如有：是否通过退役终态验收			
5	**监测**			
5.1	工作区域和环境辐射水平测量档案			
5.2	个人剂量监测记录			
5.3	工作前后及出入库前源容器表面剂量监测记录			
5.4	监测仪器比对或刻度档案			
6	**放射源管理**			
6.1	放射源台账			

序号	检 查 内 容	检查结果		
		有/是	无/否	备注
6.2	装置的贮存、领取、使用、归还登记记录是否清晰			
6.3	是否有放射源的定期查验记录（2 人签字）			
	每枚放射源与源容器的对应关系是否明确			
	放射源台账和国家辐射安全管理系统档案是否一致			
6.4	是否有放射源进出口			
	如有：进出口审批档案是否齐全			
6.5	是否有放射源的转让或转移			
	如有：转让或转移审批和备案档案是否齐全			
6.6	是否有废旧放射源返回或送贮			
	如有：返回或送贮档案是否齐全			
7	**辐射安全设施管理**			
7.1	探伤装置的性能检查维护记录			
7.2	安全防护设施维护与维修工作记录（包括检查项目、检查方法、检查结果、处理情况、检查时间、检查人员）			
8	**事故与事件**			
8.1	是否发生辐射事故			
	如有：辐射事故是否按规定报告			
9	**人员管理**			
9.1	辐射工作人员上岗前培训/再培训档案			
10	**辐射安全自查**			
10.1	定期辐射安全自查			
10.2	年度评估报告			

5 上次检查改进情况

已完成：

未完成（说明理由）：

6 存在的主要问题

检查日期____________________

检查人员签字____

被检单位代表签字____

辐射安全与防护监督检查技术程序（17）
程序编号：FY3-1　　　　　　　　　　　　　　版本号：No.3

固定式Ⅲ、Ⅳ和Ⅴ类源使用场所监督检查技术程序

1. 监督检查目标

固定式Ⅲ、Ⅳ和Ⅴ类放射源使用范围较广，如料位计、测厚仪、核子秤等。既用于工业企业生产线上传输系统，物料使用量的控制系统，也用于一些科研、校验部门。涉及对象复杂，应用条件差异较大。尽管这些放射源活度不大，然而如果保安措施不到位，管理疏忽也将给单位或社会留下辐射潜在危险的隐患，威胁到职业人员和公众的安全。因此必须采取措施防止放射源被盗或者失控，避免人员误入辐照场所受到不应有的辐射照射。

2. 检查程序适用范围

本程序适用于固定式Ⅲ、Ⅳ和Ⅴ类源使用的监督检查（刻度装置用源和固定式探伤除外）。

3. 引用标准和文件

（1）《工业仪表用铯-137γ辐射源》（GB 13366）；
（2）《含密封源仪表的卫生防护标准》（GBZ 125）；
（3）《密封放射源及密封γ放射源容器的放射卫生防护标准》（GBZ 114）。

4. 监督检查内容

监督检查的具体内容见监督检查表。

5. 监督检查意见

核实上次检查意见的落实及改进情况，提出本次检查中存在的问题和意见。

固定式Ⅲ、Ⅳ和Ⅴ类源使用场所监督检查表

1 基本情况

固定式Ⅲ、Ⅳ和Ⅴ类源信息

装置名称	放射源核素名称	放射源编码	使用场所

2 辐射安全防护设施与运行

序号	检查项目		设计建造	运行状态	备注
1*	A 场所设施	放射源编码与源对应			
2*		场所分区管理（Ⅲ类源）			
3*		场所外电离辐射警示标志			
4*		屏蔽防护（Ⅲ类源）			
5*		放射源有固定可靠的安装方式			
6*		防盗装置			
7		放射源隔离措施			
8*	B 源容器	源容器电离辐射标志			
9*		带有源闸的源容器			
10*		源容器有明显的开关状态显示			
11		放射源位置能锁定			
12*	C 监测设备	便携式辐射监测仪器仪表			
13*		个人剂量计			
14*		个人剂量报警仪（Ⅲ类源）			
15	D 应急物资	个人防护用品（Ⅲ类源）			
16		应急处理工具（如长柄夹具等）			
17*		警示标志和标识线（Ⅲ类源）			
18		灭火器材			
19		应急放射源屏蔽材料或容器（Ⅲ类源）			

注：加*的项目是重点项，有“设计建造”的划✓，没有的划×；“运行状态”未见异常的划✓，不正常的及没有的划×；不适用的均划 /。不能详尽的在备注中说明。

3 管理制度

序号	检查项目		成文制度	执行情况	备注
1	A 综合	辐射安全管理规定			
2		操作规程			
3		涉源维护维修管理制度（包括机构人员、维护维修内容与频度等）			
4		保安管理制度			
5		放射源管理制度（使用、转让、返回或送贮）			

序号	检 查 项 目		成文制度	执行情况	备注
6	B 监测	监测方案			
7		监测仪表使用与校验管理制度			
8	C 人员	辐射工作人员个人剂量管理制度			
9		辐射工作人员培训/再培训管理制度			
10	D 应急	辐射事故应急预案			

4 法规执行情况

序号	检 查 内 容	检查结果		
		有/是	无/否	备注
1	**许可证**			
1.1	持证单位的名称、地址、法定代表人是否进行了变更			
	如有：变更后是否办理许可证变更手续			
1.2	持证单位是否改变或超出所规定活动的种类或者范围			
	如有：是否按原申请程序重新申领许可证			
1.3	持证单位是否有新建、改建、扩建使用设施或者场所			
	如有：是否按原申请程序重新申领许可证			
1.4	许可证是否在有效期限内			
	如超出：是否办理许可证延续手续			
2	**建设项目环境影响评价审批**			
2.1	是否有新建、改建、扩建使用设施或者场所			
	如有：是否通过环境影响评价审批			
3	**建设项目竣工环境保护验收**			
3.1	是否通过竣工环境保护验收审批			
	如无：是否有竣工环境保护验收监测报告			
4	**退役**			
4.1	是否有场所退役			
	如有：是否通过退役环评审批			
	如有：是否通过退役终态验收			
5	**监测**			
5.1	工作区域和环境辐射水平测量档案			
5.2	个人剂量监测记录			
5.3	监测仪器比对或刻度档案			
6	**放射源管理**			
6.1	放射源台账			
6.2	是否有放射源的定期查验记录（2 人签字）			
	每枚放射源与源容器的对应关系是否明确			
6.3	是否有放射源进出口			
	放射源的进出口审批档案			
6.4	是否有放射源的转让			
	转让审批和备案档案			

序号	检 查 内 容	检查结果		
		有/是	无/否	备注
6.5	增减放射源是否办理副本增减项			
6.6	是否有废旧放射源返回或送贮			
	如有：返回或送贮档案是否齐全			
7	**事故与事件**			
7.1	是否发生辐射事故			
	辐射事故是否按规定报告			
8	**人员管理**			
8.1	辐射工作人员上岗前培训/再培训档案			
9	**辐射安全自查**			
9.1	定期辐射安全自查			
9.2	年度评估报告			

5 上次检查改进情况

已完成：

未完成（说明理由）：

6 存在的主要问题

检查日期__________________

检查人员签字____

被检单位代表签字____

辐射安全与防护监督检查技术程序（18）
程序编号：FY3-2　　　　　　　　　　　　　　　　　　　版本号：No.3

移动式Ⅲ、Ⅳ和Ⅴ类源使用场所监督检查技术程序

1．监督检查目的

移动式Ⅲ、Ⅳ和Ⅴ类源的使用主要为工业探伤机、测井源、螺旋管道测量仪，移动式湿度仪等。涉及的行业较广，在核技术利用项目中占有较大份额，同时也是辐射安全事故高发行业。对这类单位进行监督检查，主要是防止放射源的丢失被盗、失控。通过对临时工作场所的安全与防护的保障情况的监督检查，控制辐射可能对人员的危害，保障使用者和使用环境的安全。

2．检查程序适用范围

本程序适用于移动式Ⅲ、Ⅳ和Ⅴ类源的使用场所（不包括探伤机）。

3．引用标准和文件

（1）《放射性物质运输包装质量保证》（GB 15219）；
（2）《密封放射源及密封γ放射源容器的放射卫生防护标准》（GBZ 114）；
（3）《油（气）田测井用密封型放射源卫生防护标准》（GBZ 142）；
（4）《放射性物质安全运输规定》（GB 11806）；
（5）《电离辐射防护与辐射源安全基本标准》（GB 18871）。

4．检查内容

监督检查的具体内容见监督检查表。

5．监督检查意见

核实上次检查意见的落实及改进情况，提出本次检查中存在的问题和意见。

移动式III、IV和V类源使用场所监督检查表

1 辐射安全防护设施与运行

序号	检查项目		设计建造	运行状态	备注
1*	A 场所设备	放射源编码与装置对应			
2*		使用场所电离辐射警示标志和警戒线			
3*		场所边界文字说明、声音、光电等警示			
4*		贮存场所安保设施			
5*		装置设有安全锁（III类源装置）			
6*		安全锁与源联锁（电控III类源装置）			
7*		放射源回位自锁装置（电控III类源装置）			
8*		源位指示器（III类源装置）			
9*	B 源容器	带源闸的源容器（源容器有明显的开关状态显示、放射源位置能锁定）			
10*		源容器电离辐射标志			
11*	C 监测设备	便携式辐射剂量监测仪			
12*		个人剂量报警仪（III类源）			
13*		个人剂量计			
14	D 应急物资	应急处理工具（如长柄夹具等）（III类源）			
15		灭火器材			
16		个人防护用品（III类源）			

注：加*的项目是重点项，有“设计建造”的划√，没有的划×；“运行状态”未见异常的划√，不正常的及没有的划×；不适用的均划 /；不能详尽的在备注中说明。

2 管理制度

序号	检查项目		成文制度	执行情况	备注
1	A 综合	辐射安全管理规定			
2		操作规程			
3		涉源维护维修管理制度（包括机构人员、维护维修内容与频度等）			
4		保安管理制度			
5		放射源管理制度（转让、使用、保管、返回或送贮）			
6	B 监测	监测方案			
7		监测仪表使用与校验管理制度			
8	C 人员	辐射工作人员个人剂量管理制度			
9		辐射工作人员培训/再培训管理制度			
10	D 应急	辐射事故应急预案			

3 法规执行情况

序号	检 查 内 容	检查结果		
		有/是	无/否	备注
1	**许可证**			
1.1	持证单位的名称、地址、法定代表人是否进行了变更			
	如有：变更后是否办理许可证变更手续			
1.2	持证单位是否改变或超出所从事活动的种类或者范围			
	如有：是否按原申请程序重新申领许可证			
1.3	许可证是否在有效期限内			
	如超出：是否办理许可证延续手续			
2	**建设项目环境影响评价审批**			
2.1	持证单位是否新建、改建、扩建使用设施			
	如有：是否通过环境影响评价审批			
3	**建设项目竣工环境保护验收**			
3.1	是否通过竣工环境保护验收审批			
	如无：是否有竣工环境保护验收监测报告			
4	**监测**			
4.1	工作区域和环境辐射水平测量档案			
4.2	个人剂量监测记录			
4.3	放射源出入库监测记录			
4.4	辐射监测仪器测试与刻度档案			
5	**放射源管理**			
5.1	放射源台账			
5.2	装置的贮存、领取、使用、归还登记记录是否清晰			
5.3	是否有放射源的定期查验记录（2 人签字）			
	每枚放射源与源容器的对应关系是否明确			
	放射源台账和计算机管理档案是否一致			
5.4	是否有放射源进出口			
	放射源的进出口审批档案			
5.5	是否有放射源的转让			
	转让审批和备案档案			
5.6	增减放射源是否办理副本增减项			
5.7	放射源的转移使用是否备案			
5.8	是否有废旧放射源返回或送贮			
	如有：返回或送贮档案是否齐全			
6	**辐射安全设施管理**			
6.1	涉源维护维修记录（包括检查项目、检查方法、检查结果、处理情况、检查时间、检查人员）			
7	**事故与事件**			
7.1	是否发生辐射事故			
	辐射事故是否按规定报告			

序号	检　查　内　容	检查结果		
		有/是	无/否	备注
8	**人员管理**			
8.1	辐射工作人员上岗前培训/再培训档案			
9	**辐射安全自查**			
9.1	定期辐射安全自查			
9.2	年度评估报告			

4 上次检查改进情况

已完成：

未完成（说明理由）：

5 存在的主要问题

检查日期__________________

检查人员签字____

被检单位代表签字____

辐射安全与防护监督检查技术程序（19）
程序编号：FY4-1　　　　版本号：No.3

含放射源仪器生产场所监督检查技术程序

1. 监督检查目的

对含Ⅲ、Ⅳ、Ⅴ类放射源仪器生产单位的监督检查重点在：辐射安全规章制度是否齐全有效；放射源台账是否齐全、完备；放射源运输、使用、转移和回收是否按法规规定进行。

2. 检查程序适用范围

本程序适用于含Ⅲ、Ⅳ、Ⅴ类放射源仪器生产单位的监督检查。

3. 引用标准和文件

（1）《电离辐射防护与辐射源安全基本标准》（GB 18871）；
（2）《密封放射源的泄漏检验方法》（GB/T 15849）；
（3）《密封放射源及密封γ放射源容器的放射卫生防护标准》（GBZ 114）。

4. 监督检查内容

监督检查的具体内容见监督检查表。

5. 监督检查意见

核实上次检查意见的落实及改进情况，提出本次检查中存在的问题和意见。

含放射源仪器生产场所监督检查表

1 基本情况

含源仪器基本信息

含源仪器名称			本年度产量/台	
每台仪器所含放射源	核素名称	源数	设计可装最大活度/Bq	

2 辐射安全防护设施与运行

序号	检 查 项 目		设计建造	运行状态	备注
1*	A 场所设施	专用仪器-放射源安装调试场所			
2*		入口电离辐射警示标志			
3*		入口工作状态显示			
4*		门和源联锁（Ⅲ类）			
5*		屏蔽防护（Ⅲ类）			
6*		放射源存放处安保设施			
7		通风系统			
8	B 监测设备	固定式辐射监测报警仪（Ⅲ类）			
9*		便携式辐射监测仪			
10*		个人剂量计			
11*		个人剂量报警仪			
12	D 应急物资	个人防护用品			
13		去污用品和试剂			
14		远距操作工具			
15		警示标志和标识线			
16		灭火器材			
17		放射源应急包装容器			

注：加*的项目是重点项，有“设计建造”的划✓，没有的划×；“运行状态”未见异常的划✓，不正常的及没有的划×；不适用的划 /。不能详尽的在备注中说明。

3 管理制度

序号	检 查 项 目		成文制度	执行情况	备注
1	A 综合	辐射安全管理规定			
2		操作规程			
3		保安管理制度			

<table>
<tr><th>序号</th><th colspan="2">检 查 项 目</th><th>成文制度</th><th>执行情况</th><th>备注</th></tr>
<tr><td>4</td><td>B
放射源</td><td>放射源管理制度（购买、领用、保管、转让、返回或送贮）</td><td></td><td></td><td></td></tr>
<tr><td>5</td><td rowspan="3">C
监测</td><td>监测方案</td><td></td><td></td><td></td></tr>
<tr><td>6</td><td>成品仪器的辐射防护监测管理规定</td><td></td><td></td><td></td></tr>
<tr><td>7</td><td>监测仪表使用与检验管理制度</td><td></td><td></td><td></td></tr>
<tr><td>8</td><td rowspan="2">D
人员</td><td>辐射工作人员培训/再培训管理制度</td><td></td><td></td><td></td></tr>
<tr><td>9</td><td>辐射工作人员个人剂量管理制度</td><td></td><td></td><td></td></tr>
<tr><td>10</td><td>E
应急</td><td>辐射事故应急预案</td><td></td><td></td><td></td></tr>
<tr><td colspan="6"></td></tr>
</table>

4 法规执行情况

<table>
<tr><th rowspan="2">序号</th><th rowspan="2">检 查 内 容</th><th colspan="3">检查结果</th></tr>
<tr><th>有</th><th>无</th><th>备注</th></tr>
<tr><td>1</td><td>许可证</td><td></td><td></td><td></td></tr>
<tr><td rowspan="2">1.1</td><td>持证单位的名称、地址、法定代表人是否进行了变更</td><td></td><td></td><td></td></tr>
<tr><td>如有：变更后是否办理许可证变更手续</td><td></td><td></td><td></td></tr>
<tr><td rowspan="2">1.2</td><td>持证单位是否改变或超出所规定活动的种类或者范围</td><td></td><td></td><td></td></tr>
<tr><td>如有：是否按原申请程序重新申领许可证</td><td></td><td></td><td></td></tr>
<tr><td rowspan="2">1.3</td><td>持证单位是否新建、改建、扩建生产设施或者场所</td><td></td><td></td><td></td></tr>
<tr><td>如有：是否按原申请程序重新申领许可证</td><td></td><td></td><td></td></tr>
<tr><td rowspan="2">1.4</td><td>许可证是否在有效期限内</td><td></td><td></td><td></td></tr>
<tr><td>如超出：是否办理许可证延续手续</td><td></td><td></td><td></td></tr>
<tr><td>2</td><td>建设项目竣工环境保护验收</td><td></td><td></td><td></td></tr>
<tr><td rowspan="2">2.1</td><td>是否有新建、改建、扩建设施或者场所</td><td></td><td></td><td></td></tr>
<tr><td>如有：是否通过环境影响评价审批</td><td></td><td></td><td></td></tr>
<tr><td>3</td><td>建设项目竣工环境保护验收</td><td></td><td></td><td></td></tr>
<tr><td rowspan="2">3.1</td><td>是否通过竣工环境保护验收审批</td><td></td><td></td><td></td></tr>
<tr><td>如无：是否有竣工环境保护验收监测报告</td><td></td><td></td><td></td></tr>
<tr><td>4</td><td>退役</td><td></td><td></td><td></td></tr>
<tr><td rowspan="3">4.1</td><td>是否有场所退役</td><td></td><td></td><td></td></tr>
<tr><td>如有：是否通过退役环评审批</td><td></td><td></td><td></td></tr>
<tr><td>如有：是否通过退役终态验收</td><td></td><td></td><td></td></tr>
<tr><td>5</td><td>进出口、转让和转移</td><td></td><td></td><td></td></tr>
<tr><td rowspan="2">5.1</td><td>是否有放射性同位素进出口</td><td></td><td></td><td></td></tr>
<tr><td>放射性同位素的进出口审批档案</td><td></td><td></td><td></td></tr>
<tr><td rowspan="2">5.2</td><td>是否有放射性同位素的转让和转移</td><td></td><td></td><td></td></tr>
<tr><td>转让和转移审批和备案档案</td><td></td><td></td><td></td></tr>
<tr><td rowspan="2">5.3</td><td>交接清单与转让批文上的交接单位是否一致</td><td></td><td></td><td rowspan="2">____年以来共__份，抽查____份</td></tr>
<tr><td>如不一致：销售对象是否持证、是否在许可范围内</td><td></td><td></td></tr>
<tr><td>6</td><td>监测</td><td></td><td></td><td></td></tr>
<tr><td>6.1</td><td>工作区域和环境辐射水平测量档案</td><td></td><td></td><td></td></tr>
</table>

序号	检 查 内 容	检查结果		
		有	无	备注
6.2	个人剂量监测记录			
6.3	仪器的辐射防护监测证明			
6.4	监测仪器比对或刻度档案			
7	**放射源管理**			
7.1	放射源台账			
7.2	含源仪器销售台账			
7.3	放射源回收台账			
7.4	是否有废旧放射源返回或送贮			
	如有：返回或送贮档案是否齐全			
8	**事故与事件**			
8.1	是否有辐射事故			
8.2	辐射事故是否按规定报告			
9	**人员管理**			
9.1	辐射工作人员上岗前培训/再培训档案			
10	**辐射安全自查**			
10.1	定期辐射安全自查			
10.2	年度评估报告			

5 上次检查改进情况

已完成：

未完成（说明理由）：

6 存在的主要问题

检查日期__________________

检查人员签字____

被检查单位代表签字____

附录 1-4 非医用射线装置使用监督检查技术程序

辐射安全与防护监督检查技术程序（20）

程序编号：FZ1-1 版本号：No.3

非医用中高能加速器监督检查技术程序

1. 监督检查目的

中高能加速器（射线能量高于 100 MeV）为高危险射线装置，辐射事故时可以使短时间受照射人员产生严重放射损伤，甚至死亡，潜在危险较大。目前我国能量大于 100 MeV 的非医用加速器数量较少，主要分布在科研单位和同位素生产单位。对这类单位进行监督检查，除验证屏蔽防护的效能和安全措施外，还要注重放射性“三废”的监测、排放和处理问题，确保工作人员、公众和环境安全。

2. 检查程序适用范围

本程序适用于非医用高能加速器建造使用场所的监督检查。

3. 引用标准和文件

（1）《电离辐射防护与辐射源安全基本标准》（GB 18871）；

（2）《放射性同位素与射线装置安全和防护条例》（国务院令 第 449 号）。

4. 监督检查内容

监督检查的具体内容见监督检查表。

5. 监督检查意见

核实上次检查意见的落实及改进情况，提出本次检查中存在的问题和意见。

非医用中高能加速器监督检查表

1 基本情况

加速器基本信息

加速器型号	
加速器建造性质	新建（ ） 扩建（ ） 改建（ ）
加速粒子种类	电子（ ）正电子（ ）质子（ ）重粒子（ ）
粒子最大能量	MeV（兆电子伏特）
粒子打靶形式	内靶（ ） 外靶（ ）
加速器用途：	

2 安全防护设施运行情况

2.1 控制区内防护与安全

序号	项目	检 查 内 容	设计建造	运行状态	备注
1*	A 加速器大厅、隧道	入口电离辐射警示标志			
2*		入口加速器运行状态显示			
3*		门联锁钥匙开关			
4*		入口处有读卡器			
5*		出口处有读卡器			
6		人员离开确认装置			
7*		运行准备语音声光提示			
8		进出人员图像监控装置			
9		计算机记录系统			
10*		电视监控系统			
11*		门内紧急开门按钮（指示、说明）			
12		紧急出口标志			
13*		应急照明			
14*		对讲机或电话			
15*	B 安全联锁	机柜或操作台有联锁钥匙开关			
16*		控制台和控制区出入口钥匙控制			
17*		控制台钥匙开关与束流控制联锁			
18*		门与束流联锁			
19*		门与加速器高压触发联锁			
20*		控制区内辐射灯光和声音报警与控制台“准备状态”联锁			

序号	项目	检 查 内 容	设计建造	运行状态	备注
21*	B 安全联锁	靶厅（同步辐射厅）门与束流阻挡器位置联锁			
22*		束流阻挡器位置与束流联锁			
23*		火灾报警仪			
24		联锁设计为双重联锁			
25*		控制区内有清场巡更系统			
26*		控制台上有复位确认按钮			
27*		联锁触动停机后须人工复位才能重启加速器			
28*	C 紧急停机 装置	控制区内有足够数量的紧急停机按钮			
29		按钮位置醒目及说明指示			
30		按钮按下后有声光报警			
31*		有紧急停机按钮的自锁及复位			
32*		控制台或联锁机柜有紧急停机按钮			
33*	D 监测设备	个人剂量报警仪			
34*		γ和 n 个人剂量计			
35*		便携式γ和 n 剂量测量仪			
36		便携式表面污染仪			
37		气溶胶监测仪或装置			
38		放射性气体监测仪或装置			
39*	E 感生放射性	强活化部件表面标有电离辐射警告标志			
40*		更换下来的强活化部件有专设的存放地点			
41*	F 冷却水	一回路冷却水排放存储池			
42		用过的去离子树脂专设存放地点			
43	G 通风	控制区通风系统			
44*		停机后，控制区通风			
45	H 其他	易燃易爆气体探测器			
46		控制区火灾报警系统			
47		灭火器材			

注：加*的项目是重点项，有“设计建造”的划✓，没有的划×；“运行状态”未见异常的划✓，不正常的及没有的划×；不适用的均划 /。不能详尽的在备注中说明。

2.2 实验大厅（站）的防护与安全

序号	项目	检 查 内 容	设计建造	运行状态	备注
1*	A 场所设施	本地局部防护屏蔽			
2*		电离辐射标志			
3		电视监控系统			
4		语音广播系统			
5*		实验大厅及出入口加速器运行状态显示			

序号	项目	检　查　内　容	设计建造	运行状态	备注
6*	B 监测设备	实验大厅内固定式辐射剂量监测仪器			
7*		个人剂量报警仪			
8*		γ和 n 个人剂量计			
9		便携式γ和 n 剂量测量仪			
10*	C 感生放射性	强活化部件表面标有电离辐射警告标志			
11*		更换下来的强活化部件有专设的存放地点			
12	D 通风	实验大厅通风系统			
13		火灾报警仪			
14	E 其他	易燃易爆气体探测器			
15		灭火器材			

注：加*的项目是重点项，有“设计建造”的划✓，没有的划×；“运行状态”未见异常的划✓，不正常的及没有的划×；不适用的均划 /。不能详尽的在备注中说明。

3 管理制度

序号	项目	检　查　项　目	成文制度	执行情况	备注
1	A 综合	辐射安全管理规定			
2	B 场所	场所分区管理规定			
3		加速器运行安全操作规程			
4		安全防护设施的维护与维修制度（包括机构人员、维护维修内容与频度、重大问题管理措施、重新运行审批级别等）			
5	C 监测	监测方案			
6		监测仪表使用与校验管理制度			
7	D 人员	辐射工作人员培训/再培训制度			
8		辐射工作人员个人剂量管理制度			
9	E 应急	辐射事故/事件应急预案			
10	F 三废	放射性“三废”管理规定			

4 法规执行情况

序号	检 查 内 容	检查结果		
		有/是	无/否	备注
1	**许可证**			
1.1	持证单位的名称、地址、法定代表人是否进行了变更			
	如有：变更后是否办理许可证变更手续			
1.2	持证单位是否改变或超出所从事活动的种类或者范围			
	如有：是否按原申请程序重新申领许可证			
1.3	持证单位是否有新建、改建、扩建使用设施或者场所			
	如有：是否按原申请程序重新申领许可证			
1.4	许可证是否在有效期限内			
	如超出：是否办理许可证延续手续			
2	**建设项目环境影响评价审批**			
2.1	是否有新建、改建、扩建使用设施或者场所			
	如有：是否通过环境影响评价审批			
3	**建设项目竣工环境保护验收**			
3.1	是否通过竣工环境保护验收审批			
	如无：是否有竣工环境保护验收监测报告			
4	**退役**			
4.1	是否有产生放射性污染的射线装置及其场所退役			
	如有：是否通过退役环评审批			
	如有：是否通过退役终态验收			
5	**监测**			
5.1	工作区域和环境辐射水平测量档案			
5.2	强活化部件辐射水平测量记录			
5.3	废水废物监测记录			
5.4	放射性气体和气溶胶监测记录			
5.5	个人剂量监测记录			
5.6	监测仪器比对或刻度档案			
6	**放射性废物管理**			
6.1	是否有放射性废物（废源）送贮			
6.2	如有：废物（废源）送贮档案是否齐全			
7	**辐射安全设施管理**			
7.1	安全防护设施维护与维修工作记录（包括检查项目、检查方法、检查结果、处理情况、检查时间、检查人员）			

序号	检查内容	检查结果		
		有/是	无/否	备注
7.2	调机或检修机器时若旁路联锁系统，是否有旁路运行方案及审批备案			
7.3	联锁系统旁路消除后，是否进行核查并记录备案			
8	**事故与事件**			
8.1	是否有辐射事故或事件			
	辐射事故或事件是否按规定报告			
9	**人员管理**			
9.1	注册核安全工程师人数是否满足要求			
9.2	辐射工作人员上岗前培训/再培训档案			
10	**辐射安全自查**			
10.1	定期辐射安全自查			
10.2	年度评估报告			

5 上次检查改进情况

已完成：

未完成（说明理由）：

6 存在的主要问题

检查日期__________________

检查人员签字____

被检单位代表签字____

辐射安全与防护监督检查技术程序（21）
程序编号：FZ2-1　　　　　　　　　　　　　　　　版本号：No.3

科研用低能加速器监督检查技术程序

1. 监督检查目的

Ⅱ类射线装置中的非医用低能（能量在 100 MeV 以下）加速器主要用于工业探伤、科研、集装箱安全检测等，其中，科研用低能加速器情况比较复杂，对人体和环境有一定的潜在危险。对这类单位进行监督检查，主要验证屏蔽防护的效果和安全措施是否满足国家相关标准的要求，确保工作人员、公众和环境的安全。

2. 检查程序适用范围

本程序适用于科研用低能加速器使用场所的监督检查。

3. 引用标准和文件

（1）《粒子加速器辐射防护规定》（GB 5172）；
（2）《电离辐射防护与辐射源安全基本标准》（GB 18871）。

4. 监督检查内容

监督检查的具体内容见监督检查表。

5. 监督检查意见

核实上次检查意见的落实及改进情况，提出本次检查中存在的问题和意见。

科研用低能加速器监督检查表

1 基本情况

加速器基本信息

加速器型号	
生产厂家	
生产厂家和销售单位是否一致， 如不一致，销售单位名称和持证情况※：	
加速粒子种类	
粒子最大能量	MeV（兆电子伏特）
粒子打靶形式	内靶（ ） 外靶（ ）
粒子束流最大功率	W（瓦）
粒子束流最大流强	mA（毫安）
加速器启用时间	
加速器用途：	

注：※ 销售并维修调试射线装置的单位应持有使用Ⅱ类线装置的许可证。

2 安全防护设施运行情况

2.1 加速器大厅（靶厅）防护与安全

序号	项目	检查内容	设计建造	运行状态	备注
1*	A 场所设施	厅内为控制区			
2*		入口电离辐射警示标志			
3*		入口加速器工作状态显示			
4*		大厅门联锁钥匙开关			
5*		电视监控系统			
6*		门内紧急开门按钮（指示、说明）			
7		紧急出口标志			
8		对讲装置			
9		应急照明			
10*	B 安全联锁	控制台和大厅门同一把钥匙			
11*		门与束流控制联锁			
12*		门与加速器高压触发联锁			
13		灯光和声音报警与加速器准备出束状态联锁			
14*		束流阻挡器位置与束流联锁			
15*		靶厅门与束流阻挡器位置联锁			
16*		联锁触动停机后须人工复位才能重启加速器			
17*		控制区内有清场巡更系统			
18*		控制台上有复位确认按钮			

序号	项目	检 查 内 容	设计建造	运行状态	备注
19*	C 紧急停机装置	紧急停机按钮			
20		按钮位置醒目及说明指示			
21		厅内有紧急停机按钮自锁及复位			
22*		控制台有紧急停机按钮			
23*	D 监测设备	控制区内固定式辐射剂量监测仪			
24*		个人剂量报警仪			
25*		γ和中子个人剂量计			
26*		便携式γ和中子剂量测量仪			
27		便携式表面沾污仪			
28		气溶胶监测仪或装置			
29		放射性气体监测仪或装置			
30*	E 氚的防护	氚靶操作防护措施			
31*		氚靶贮存容器、真空泵油等置于通风柜			
32*		真空泵检修防护			
33	F 其他	控制区通风系统			
34*		强活化部件表面标有电离辐射警告标志并有专门的存放地点			
35*		灭火器材			

注：加*的项目是重点项，有“设计建造”的划✓，没有的划×；“运行状态”未见异常的划✓，不正常的及没有的划×；不适用的均划 /。不能详尽的在备注中说明。

2.2 实验大厅（站）的防护与安全

序号	项目	检 查 内 容	设计建造	运行状态	备注
1*	A 场所设施	本地局部防护屏蔽			
2*		出入口电离辐射警示标志			
3*		实验大厅及出入口加速器运行状态显示			
4*		语音广播系统			
5*		控制区内隔离和警示标志			
6	B 监测设备	实验大厅内固定式辐射剂量监测仪			
7*		个人剂量报警仪			
8*		个人剂量计			
9		便携式辐射监测仪器仪表			
10	C 其他	实验大厅通风系统			
11		火灾报警仪			
12		灭火器材			

注：加*的项目是重点项，有“设计建造”的划✓，没有的划×；“运行状态”未见异常的划✓，不正常的及没有的划×；不适用的均划 /。不能详尽的在备注中说明。

3 管理制度

序号	项目	检 查 项 目	成文制度	执行情况	备注
1	A 综合	辐射安全管理规定			
2	B 场所	场所分区管理规定			
3		安全操作规程			
4		安全防护设施的维护与维修制度（包括机构人员、维护维修内容与频度、重大问题管理措施、重新运行审批级别等）			
5	C 监测	监测方案			
6		监测仪表使用与校验管理制度			
7	D 人员	辐射工作人员培训/再培训制度			
8		辐射工作人员个人剂量管理制度			
9	E 应急	辐射事故应急预案			
10	F 三废	放射性“三废”管理规定			

4 法规执行情况

序号	检 查 内 容	检查结果		
		有/是	无/否	备注
1	**许可证**			
1.1	持证单位的名称、地址、法定代表人是否进行了变更			
	如有：变更后是否办理许可证变更手续			
1.2	持证单位是否改变或超出所规定活动的种类或者范围			
	如有：是否按原申请程序重新申领许可证			
1.3	持证单位是否有新建、改建、扩建使用设施或者场所			
	如有：是否按原申请程序重新申领许可证			
1.4	许可证是否在有效期限内			
	如超出：是否办理许可证延续手续			
2	**建设项目环境影响评价审批**			
2.1	是否有新建、改建、扩建使用设施或者场所			
	如有：是否通过环境影响评价审批			
3	**建设项目竣工环境保护验收**			
3.1	是否通过竣工环境保护验收审批			
	如无：是否有竣工环境保护验收监测报告			
4	**退役**			
4.1	是否有产生放射性污染的射线装置及其场所退役			
	如有：是否通过退役环评审批			
	如有：是否通过退役终态验收			
5	**监测**			
5.1	工作区域和环境辐射水平测量档案			
5.2	强活化部件辐射水平测量记录			

序号	检 查 内 容	检查结果		
		有/是	无/否	备注
5.3	废水废物监测记录			
5.4	放射性气体和气溶胶监测记录			
5.5	个人剂量监测记录			
5.6	监测仪器比对或刻度档案			
6	**放射性废物管理**			
6.1	是否有放射性废物（废源）送贮			
6.2	如有：废物（废源）送贮档案是否齐全			
7	**辐射安全设施管理**			
7.1	安全防护设施维护与维修工作记录（包括检查项目、检查方法、检查结果、处理情况、检查时间、检查人员）			
7.2	调机或检修机器时若旁路联锁系统，是否有旁路运行方案及审批备案			
7.3	联锁系统旁路消除后，是否进行核查并记录备案			
8	**事故与事件**			
8.1	是否有辐射事故			
	辐射事故是否按规定报告			
9	**人员管理**			
9.1	辐射工作人员上岗前培训/再培训档案			
10	**辐射安全自查**			
10.1	定期辐射安全自查			
10.2	年度评估报告			

5 上次检查改进情况

已完成：

未完成（说明理由）：

6 存在的主要问题

检查日期____________________

检查人员签字____

被检单位代表签字____

辐射安全与防护监督检查技术程序（22）

程序编号：FZ2-2　　　　　　　　　　　　　　　　　　　版本号：No.3

电子辐照加速器监督检查技术程序

1．监督检查目的

电子辐照加速器（能量一般在 0.3～15 MeV）主要用于辐照加工或辐照改性研究，对人体和环境有一定的潜在危险。对这类单位进行监督检查主要验证场所有关安全防护设施是否齐备、合理、有效；辐射安全规章制度是否齐全有效；确保工作人员、公众和环境的安全。

2．检查程序适用范围

本程序适用于电子辐照加速器使用场所的监督检查。

3．引用标准和文件

（1）《粒子加速器辐射防护规定》（GB 5172）；

（2）《γ射线和电子束辐照装置防护监测规范》（GBZ 141）；

（3）《电离辐射防护与辐射源安全基本标准》（GB 18871）。

4．监督检查内容

监督检查的具体内容见监督检查表。

5．监督检查意见

核实上次检查意见的落实及改进情况，提出本次检查中存在的问题和意见。

电子辐照加速器监督检查表

1 基本情况

加速器基本信息

<table>
<tr><td colspan="4">装置编号　　　　　　　　　型号　　　　　　　　　　类型</td></tr>
<tr><td>射线最大能量</td><td></td><td>束流功率</td><td></td></tr>
<tr><td>生产厂家</td><td colspan="3"></td></tr>
</table>

2 安全防护设施运行情况

序号	项目	检 查 内 容	设计建造	运行状态	备注
1*	A 出入口控制	入口电离辐射警示标志			
2*		入口加速器工作状态显示			
3*		加速器厅门联锁钥匙开关			
4		电视监控系统			
5*		门内紧急开门按钮（指示、说明）			
6		紧急出口标志			
7*		应急照明			
8*	B 安全联锁	控制台和加速器厅门同一把钥匙			
9*		门与束流控制联锁			
10*		门与加速器高压触发联锁			
11*		灯光和声音报警与加速器联锁			
12		固定式辐射剂量监测仪与门联锁			
13*		传输系统与束流联锁			
14*		火灾报警仪与通风联锁			
15*		通风系统与加速器联锁			
16*		人员通道 2～3 道防误入装置（光电、红外等）			
17*		货物进出通道 2～3 道防误入装置			
18		控制台上有复位确认按钮			
19*		联锁触动停机后须人工复位才能重启加速器			
20*		清场巡更系统			
21*	C 紧急停机装置	控制区内有紧急停机按钮			
22		按钮位置醒目及说明指示			
23*		紧急停机按钮的自锁及复位			
24*		控制台有紧急停机按钮			
25	D 监测设备	控制区内固定式辐射剂量监测仪			
26*		个人剂量报警仪			
27*		个人剂量计			
28*		便携式辐射监测仪器仪表			
29	E 其他	灭火器材			

注：加*的项目是重点项，有“设计建造”的划✓，没有的划×；“运行状态”未见异常的划✓，不正常的及没有的划×；不适用的均划 /。不能详尽的在备注中说明。

3 管理制度

序号	项目	检　查　项　目	成文制度	执行情况	备注
1	A 综合	辐射安全管理规定			
2		安全防护设施的维护与维修制度（包括机构人员、维护维修内容与频度、重大问题管理措施、重新运行审批级别等）			
3	B 场所	场所分区管理规定			
4		加速器操作规程			
5	C 监测	监测方案			
6		监测仪表使用与校验管理制度			
7	D 人员	辐射工作人员培训/再培训制度			
8		辐射工作人员个人剂量管理制度			
9	E 应急	辐射事故应急预案			
10	F 三废	放射性“三废”管理规定			

4 法规执行情况

序号	检　查　内　容	检查结果		
		有/是	无/否	备注
1	**许可证**			
1.1	持证单位的名称、地址、法定代表人是否进行了变更			
	如有：变更后是否办理许可证变更手续			
1.2	持证单位是否改变或超出所规定活动的种类或者范围			
	如有：是否按原申请程序重新申领许可证			
1.3	持证单位是否有新建、改建、扩建使用设施或者场所			
	如有：是否按原申请程序重新申领许可证			
1.4	许可证是否在有效期限内			
	如超出：是否办理许可证延续手续			
2	**建设项目环境影响评价审批**			
2.1	是否有新建、改建、扩建使用设施或者场所			
	如有：是否通过环境影响评价审批			
3	**建设项目竣工环境保护验收**			
3.1	是否通过竣工环境保护验收审批			
	如无：是否有竣工环境保护验收监测报告			
4	**退役**			
4.1	是否有产生放射性污染的射线装置及其场所退役			
	如有：是否通过退役环评审批			
	如有：是否通过退役终态验收			
5	**监测**			
5.1	工作区域和环境辐射水平测量档案			

序号	检 查 内 容	检查结果		
		有/是	无/否	备注
5.2	个人剂量监测记录			
5.3	监测仪器比对或刻度档案			
6	**辐射安全设施管理**			
6.1	安全防护设施维护与维修工作记录（包括检查项目、检查方法、检查结果、处理情况、检查时间、检查人员）			
6.2	调机或检修机器时若旁路联锁系统，是否有旁路运行方案及审批备案			
6.3	联锁系统旁路消除后，是否进行核查并记录备案			
7	**事故与事件**			
7.1	是否有辐射事故			
	辐射事故是否按规定报告			
8	**人员管理**			
8.1	辐射工作人员上岗前培训/再培训档案			
9	**辐射安全自查**			
9.1	定期辐射安全自查			
9.2	年度评估报告			

5 上次检查改进情况

已完成：

未完成（说明理由）：

6 存在的主要问题

检查日期____________________

检查人员签字____

被检单位代表签字____

辐射安全与防护监督检查技术程序（23）

程序编号：FZ2-3　　　　　　　　　　　　　　　　版本号：No.3

加速器生产调试场所监督检查技术程序

1．监督检查目的

加速器的生产调试场所对工作人员有一定的潜在危险。对这类单位进行监督检查，主要验证屏蔽防护的效能和安全措施是否满足国家相关法律、法规、条例或标准的要求。

2．检查程序适用范围

本程序适用于Ⅱ类射线装置中的加速器生产调试场所的监督检查。

3．引用标准和文件

（1）《医用电气设备——能量为 1～50 MeV 医用电子加速器专用安全要求》（GB 9706.5—2008）；

（2）《医用电子加速器验收试验和周期检验规程》（GB/T 19046）；

（3）《放射治疗机房设计导则》（GB/T 17827）；

（4）《粒子加速器辐射防护规定》（GB 5172）；

（5）《放射治疗机房的屏蔽规范》（GBZ/T 201.1）。

4．监督检查内容

监督检查的具体内容见监督检查表。

5．监督检查意见

核实上次检查意见的落实及改进情况，提出本次检查中存在的问题和意见。

加速器生产调试场所监督检查表

1 基本情况

加速器基本信息

<table>
<tr><td>加速器型号</td><td colspan="2"></td></tr>
<tr><td>加速器类型</td><td colspan="2"></td></tr>
<tr><td>加速粒子种类</td><td colspan="2">电子 （ ） 质子 （ ） 重离子 （ ） 其他 （ ）</td></tr>
<tr><td>最大能量/（MV/MeV）</td><td>最大束流/mA</td><td>最大功率/W</td></tr>
<tr><td></td><td></td><td></td></tr>
</table>

2 加速器机房的防护与安全

<table>
<tr><th>序号</th><th colspan="2">检 查 项 目</th><th>设计建造</th><th>运行状态</th><th>备注</th></tr>
<tr><td>1*</td><td rowspan="7">A
场所与警示</td><td>调试场所划分为控制区与监督区</td><td></td><td></td><td></td></tr>
<tr><td>2*</td><td>调试场所入口电离辐射警示标志</td><td></td><td></td><td></td></tr>
<tr><td>3*</td><td>调试场所入口工作状态指示</td><td></td><td></td><td></td></tr>
<tr><td>4*</td><td>电视监控系统</td><td></td><td></td><td></td></tr>
<tr><td>5*</td><td>对讲装置</td><td></td><td></td><td></td></tr>
<tr><td>6*</td><td>人员出口紧急开门按钮</td><td></td><td></td><td></td></tr>
<tr><td>7</td><td>出束前声光警告</td><td></td><td></td><td></td></tr>
<tr><td>8*</td><td rowspan="8">B
安全联锁</td><td>控制台与入口门同一把钥匙</td><td></td><td></td><td></td></tr>
<tr><td>9*</td><td>门与束流控制联锁</td><td></td><td></td><td></td></tr>
<tr><td>10*</td><td>门与加速器高压触发联锁</td><td></td><td></td><td></td></tr>
<tr><td>11*</td><td>厅内有醒目的紧急停机按钮</td><td></td><td></td><td></td></tr>
<tr><td>12</td><td>厅内紧急停机按钮的自锁及复位</td><td></td><td></td><td></td></tr>
<tr><td>13*</td><td>控制台有紧急停机按钮</td><td></td><td></td><td></td></tr>
<tr><td>14*</td><td>清场巡检系统</td><td></td><td></td><td></td></tr>
<tr><td>15</td><td>控制台上有复位确认按钮</td><td></td><td></td><td></td></tr>
<tr><td>16</td><td rowspan="3">C
剂量监测</td><td>调试场所内固定式辐射剂量监测仪</td><td></td><td></td><td></td></tr>
<tr><td>17*</td><td>个人剂量计</td><td></td><td></td><td></td></tr>
<tr><td>18*</td><td>个人剂量报警仪</td><td></td><td></td><td></td></tr>
<tr><td>19</td><td rowspan="3">D
其他</td><td>通风系统</td><td></td><td></td><td></td></tr>
<tr><td>20</td><td>火灾报警仪</td><td></td><td></td><td></td></tr>
<tr><td>21</td><td>灭火器材</td><td></td><td></td><td></td></tr>
<tr><td></td><td colspan="2"></td><td></td><td></td><td></td></tr>
</table>

注：加*的项目是重点项，有“设计建造”的划✓，没有的划×；“运行状态”未见异常的划✓，不正常的及没有的划×；不适用的均划 /。不能详尽的在备注中说明。

3 管理制度

序号	检查项目		成文制度	执行情况	备注
1	A 综合	辐射安全管理规定			
2		操作规程			
3		辐射安全和防护设施维护维修制度（包括机构人员、维护维修内容与频度、重大问题管理措施、重新运行审批级别等）			
4	B 监测	监测方案			
5		监测仪表使用与校验管理制度			
6	C 应急	辐射事故应急预案			
7	D 人员	辐射工作人员个人剂量管理制度			
8		辐射工作人员培训/再培训管理制度			

4 法规执行情况

序号	检查内容	检查结果		
		有/是	无/否	备注
1	**许可证**			
1.1	持证单位的名称、地址、法定代表人是否进行了变更			
	如有：变更后是否办理许可证变更手续			
1.2	持证单位是否改变或超出所规定活动的种类或者范围			
	如有：是否按原申请程序重新申领许可证			
1.3	持证单位是否有新建、改建、扩建生产、使用设施或者场所			
	如有：是否按原申请程序重新申领许可证			
1.4	许可证是否在有效期限内			
	如超出：是否办理许可证延续手续			
2	**建设项目环境影响评价审批**			
2.1	持证单位是否有新建、改建、扩建生产、使用设施或者场所			
	如有：是否通过环境影响评价审批			
3	**建设项目竣工环境保护验收**			
3.1	是否通过竣工环境保护验收审批			
	如无：是否有竣工环境保护验收监测报告			
4	**退役**			
4.1	是否有产生放射性污染的射线装置及其场所退役			
	如有：是否通过退役环评审批			
	如有：是否通过退役终态验收			
5	**监测**			
5.1	工作区域和环境辐射水平测量档案			
5.2	个人剂量监测记录			
5.3	监测仪器比对或刻度档案			
6	**放射性废物管理**			
6.1	是否有放射性废物（废源）送贮			
6.2	如有：废物（废源）送贮档案是否齐全			
7	**辐射安全设施管理**			
7.1	安全防护设施维护与维修工作记录（包括检查项目、检查方法、检查结果、处理情况、检查时间、检查人员）			

序号	检 查 内 容	检查结果		
		有/是	无/否	备注
7.2	调机或检修机器时若旁路联锁系统，是否有旁路运行方案及审批备案			
7.3	联锁系统旁路消除后，是否进行核查并记录备案			
8	**射线装置生产销售管理**			
8.1	射线装置销售台账			
8.2	销售对象是否持证、是否在许可范围内			
	如无相应许可证，是否已取得环评批文			
9	**事故与事件**			
9.1	是否有辐射事故			
	辐射事故是否按规定报告			
10	**人员管理**			
10.1	辐射工作人员上岗前培训/再培训档案			
11	**辐射安全自查**			
11.1	定期辐射安全自查			
11.2	年度评估报告			

5 上次检查改进情况

已完成：

未完成（说明理由）：

6 存在的主要问题

检查日期________________

检查人员签字________________________________

被检单位代表签字________________________________

辐射安全与防护监督检查技术程序（24）

程序编号：FZ2-4　　　　　　　　　　　　　　　　　　　　版本号：No.3

Ⅱ类非医用X线装置监督检查技术程序

1．监督检查目的

Ⅱ类射线装置中的非医用X线装置主要的应用是工业X射线探伤、安全检查、刻度校准等，其中有些是移动式的常在野外使用，如果使用不当易对工作人员和环境造成潜在危险。对这类射线装置的单位进行监督检查，主要是检查设备辐射防护的效能、安全措施和管理，确保工作人员、公众和环境安全。

2．检查程序适用范围

本程序适用于生产、使用Ⅱ类射线装置中的非医用X线类射线装置建造使用场所的监督检查。

3．引用标准和文件

（1）《工业X射线探伤卫生防护标准》（GBZ 117）；

（2）《集装箱检查系统放射卫生防护标准》（GBZ 143）；

（3）《工业X射线探伤卫生防护监测规范》（GBZ/T 150）。

4．监督检查内容

监督检查的具体内容见监督检查表。

5．监督检查意见

核实上次检查意见的落实及改进情况，提出本次检查中存在的问题和意见。

Ⅱ类非医用 X 线装置监督检查表

1 基本情况

装置基本信息

<table>
<tr><td colspan="4">装置名称型号：</td><td>机器编号：</td></tr>
<tr><td colspan="5">生产厂家：</td></tr>
<tr><td colspan="5">生产厂家和销售单位是否一致，
如不一致，销售单位名称和持证情况※：</td></tr>
<tr><td colspan="2">管电压/kV</td><td colspan="2">流强/mA</td><td rowspan="2">过滤片材料及厚度或 1 m 处比释动能率</td></tr>
<tr><td>最大</td><td>常用</td><td>最大</td><td>常用</td></tr>
<tr><td></td><td></td><td></td><td></td><td></td></tr>
<tr><td colspan="5">用途：</td></tr>
</table>

注：※ 销售并维修调试射线装置的单位应持有使用相应类别射线装置的许可证。

2 辐射安全防护设施与运行

<table>
<tr><td>序号</td><td colspan="2">检 查 项 目</td><td>设计建造</td><td>运行状态</td><td>备注</td></tr>
<tr><td>1*</td><td rowspan="13">A
场所设施
（固定式）</td><td>入口处电离辐射警示标志</td><td></td><td></td><td></td></tr>
<tr><td>2*</td><td>入口处机器工作状态显示</td><td></td><td></td><td></td></tr>
<tr><td>3</td><td>隔室操作</td><td></td><td></td><td></td></tr>
<tr><td>4*</td><td>迷道</td><td></td><td></td><td></td></tr>
<tr><td>5*</td><td>防护门</td><td></td><td></td><td></td></tr>
<tr><td>6*</td><td>控制台有防止非工作人员操作的钥匙开关</td><td></td><td></td><td></td></tr>
<tr><td>7*</td><td>门机联锁系统</td><td></td><td></td><td></td></tr>
<tr><td>8*</td><td>照射室内监控设施或清场按钮</td><td></td><td></td><td></td></tr>
<tr><td>9</td><td>通风设施</td><td></td><td></td><td></td></tr>
<tr><td>10*</td><td>照射室内紧急停机按钮</td><td></td><td></td><td></td></tr>
<tr><td>11*</td><td>控制台上紧急停机按钮</td><td></td><td></td><td></td></tr>
<tr><td>12*</td><td>出口处紧急开门按钮</td><td></td><td></td><td></td></tr>
<tr><td>13*</td><td>准备出束声光提示</td><td></td><td></td><td></td></tr>
<tr><td>14*</td><td rowspan="5">B
场所设施
（移动式）</td><td>控制台有钥匙控制</td><td></td><td></td><td></td></tr>
<tr><td>15</td><td>钥匙由专人管理</td><td></td><td></td><td></td></tr>
<tr><td>16*</td><td>控制台上紧急停机按钮</td><td></td><td></td><td></td></tr>
<tr><td>17*</td><td>声光报警</td><td></td><td></td><td></td></tr>
<tr><td>18*</td><td>警戒线及警示标志</td><td></td><td></td><td></td></tr>
<tr><td>19*</td><td rowspan="3">C
监测设备</td><td>便携式辐射监测仪</td><td></td><td></td><td></td></tr>
<tr><td>20*</td><td>个人剂量报警仪</td><td></td><td></td><td></td></tr>
<tr><td>21*</td><td>个人剂量计</td><td></td><td></td><td></td></tr>
<tr><td>22</td><td>D
应急物资</td><td>灭火器材</td><td></td><td></td><td></td></tr>
<tr><td colspan="6"></td></tr>
</table>

注：加*的项目是重点项，有“设计建造”的划✓，没有的划×；“运行状态”未见异常的划✓，不正常的及没有的划×；不适用的均划 /。不能详尽的在备注中说明。

3 管理制度

序号	检查项目		成文制度	执行情况	备注
1	A 综合	辐射安全管理规定			
2		操作规程			
3		非固定场所使用的管理规定			
4		辐射安全和防护设施维护维修制度（包括机构人员、维护维修内容与频度、重大问题管理措施、重新运行审批级别等）			
5	B 监测	监测方案			
6		监测仪表使用与校验管理制度			
7	C 人员	辐射工作人员培训/再培训管理制度			
8		辐射工作人员个人剂量管理制度			
9	D 应急	辐射事故应急预案			

4 法规执行情况

序号	检查内容	检查结果		
		有/是	无/否	备注
1	**许可证**			
1.1	持证单位的名称、地址、法定代表人是否进行了变更			
	如有：变更后是否办理许可证变更手续			
1.2	持证单位是否改变或超出所规定活动的种类或者范围			
	如有：是否按原申请程序重新申领许可证			
1.3	持证单位是否有新建、改建、扩建使用设施或者场所			
	如有：是否按原申请程序重新申领许可证			
1.4	许可证是否在有效期限内			
	如超出：是否办理许可证延续手续			
2	**建设项目环境影响评价审批**			
2.1	是否有新建、改建、扩建使用设施或者场所			
	如有：是否通过环境影响评价审批			
3	**建设项目竣工环境保护验收**			
3.1	是否通过竣工环境保护验收审批			
	如无：是否有竣工环境保护验收监测报告			
4	**监测**			
4.1	工作区域和环境辐射水平测量档案			
4.2	个人剂量监测记录			
4.3	监测仪器比对或刻度档案			
5	**辐射安全设施管理**			
5.1	辐射安全和防护设施维护维修记录（包括检查项目、检查方法、检查结果、处理情况、检查时间、检查人员）			
6	**射线装置生产销售管理**			
6.1	射线装置台账			

序号	检 查 内 容	检查结果		
		有/是	无/否	备注
6.2	射线装置销售台账			
6.3	销售对象是否持证、是否在许可范围内			
	如无相应许可证，是否已取得环评批文			
7	**事故与事件**			
7.1	是否有辐射事故			
	辐射事故是否按规定报告			
8	**人员管理**			
8.1	辐射工作人员上岗前培训/再培训档案			
9	**辐射安全自查**			
9.1	定期辐射安全自查			
9.2	年度评估报告			

5 上次检查改进情况

已完成：

未完成（说明理由）：

6 存在的主要问题

检查日期________________

检查人员签字____

被检单位代表签字____

辐射安全与防护监督检查技术程序（25）
程序编号：FZ2-5　　　　　　　　　　　　版本号：No.3

中子发生器应用场所监督检查技术程序

1. 监督检查目标

中子发生器的中子产额较高，在教育、科研、工业和医学等方面应用较为广泛。对这类单位的监督检查重点在：辐照场所有关安全防护设施是否齐备、合理、有效；运行是否按规章制度执行等。

2. 检查程序适用范围

本程序适用于科研、测井、教学应用中的中子发生器生产场所的监督检查。使用中子管场所可参照执行。

3. 引用标准和文件

（1）《放射性同位素与射线装置安全和防护条例》（国务院令　第449号）；
（2）《放射性同位素与射线装置安全许可管理办法》（国家环境保护总局令　第31号）；
（3）《射线装置分类办法》（国家环境保护总局公告　2006年第26号）；
（4）《电离辐射防护与辐射源安全基本标准》（GB 18871）。

4. 监督检查内容

监督检查的具体内容见监督检查表。

5. 监督检查意见

核实上次检查意见的落实及改进情况，提出本次检查中存在的问题和意见。

中子发生器使用场所监督检查表

1 场所基本情况

装置编号	型号	生产厂家	中子能量	中子产额

2 辐射安全防护设施基本情况（装置编号： ）

序号	检查项目		设计建造	运行状态	备注
1*	A 场所设施与防护	入口电离辐射警示标识			
2*		入口工作状态显示			
3*		场所分区布局是否合理及有无相应措施/标识			
4*		通风设施（流向、流速、负压、过滤）			
5*		卫生通过间			
6*		氚靶储存在干燥箱内，然后放入通风柜中			
7*		真空泵系统检修防护措施			
8*		废真空泵油存储密于闭容器并放入通风柜中			
9		前极泵排气口氚处理系统			
10*		放射性废物暂存容器			
11*		个人防护用品			
12*		专用的氚靶操作工具			
13*	B 监测	固定式中子剂量监测报警仪（控制台能显示各监测点剂量值）			
14*		个人剂量报警仪			
15*		个人剂量计（中子和γ）			
16*		可携式中子剂量仪			
17*		氚污染监测仪			

注：加*的项目是重点项，有“设计建造”的划✓，没有的划×；“运行状态”未见异常的划✓，不正常的及没有的划×；不适用的均划 /。不能详尽的在备注中说明。

3 管理制度与执行情况

序号	检查项目		成文制度	执行情况	备注
1	A 综合	辐射安全管理规定			
2		操作规程			
3		氚靶等放射性物质管理规定			
4		辐射安全和防护设施维护维修制度（包括机构人员、维护维修内容与频度、重大问题管理措施、重新运行审批级别等）			
5	B 人员管理	辐射工作人员培训/再培训管理制度			
6		辐射工作人员个人剂量管理制度			

序号	检 查 项 目		成文制度	执行情况	备注
7	C 监测	监测方案			
8		监测仪表使用与校验管理制度			
9	D 应急	辐射事故应急预案			
10	E 三废	放射性“三废”管理规定			

4 法规执行情况

序号	检 查 内 容	检查结果		
		有/是	无/否	备注
1	**许可证**			
1.1	持证单位的名称、地址、法定代表人是否进行了变更			
	如有：变更后是否办理许可证变更手续			
1.2	持证单位是否改变或超出所从事活动的种类或者范围			
	如有：是否按原申请程序重新申领许可证			
1.3	持证单位是否有新建、改建、扩建生产、使用设施或者场所			
	如有：是否按原申请程序重新申领许可证			
1.4	许可证是否在有效期限内			
	如超出：是否办理许可证延续手续			
2	**建设项目环境影响评价审批**			
2.1	是否有新建、改建、扩建使用设施或者场所			
	如有：是否通过环境影响评价审批			
3	**建设项目竣工环境保护验收**			
3.1	是否通过竣工环境保护验收审批			
	如无：是否有竣工环境保护验收监测报告			
4	**退役**			
4.1	是否有场所退役			
	如有：是否通过退役环评审批			
	如有：是否通过退役终态验收			
5	**中子发生器**			
5.1	中子发生器使用记录			
5.2	废中子管、靶等的处理档案			
6	**监测**			
6.1	工作区域和环境辐射水平测量档案			
6.2	个人剂量监测记录			
6.3	监测仪器比对或刻度档案			
7	**辐射安全设施管理**			
7.1	辐射安全和防护设施维护维修记录（包括检查项目、检查方法、检查结果、处理情况、检查时间、检查人员）			
8	**事故与事件**			
8.1	是否有辐射事故			
	如有：辐射事故是否按规定报告			

序号	检 查 内 容	检查结果		
		有/是	无/否	备注
9	**人员管理**			
9.1	辐射工作人员上岗前培训/再培训档案			
10	**辐射安全自查**			
10.1	定期辐射安全自查			
10.2	年度评估报告			

5 上次检查改进情况

已完成：

未完成（说明理由）：

6 存在的主要问题

检查日期________________

检查人员签字________________________________

被检单位代表签字________________________________

辐射安全与防护监督检查技术程序（26）

程序编号：FZ3-1　　　　　　　　　　　　　　　　版本号：No.3

Ⅲ类非医用射线装置监督检查技术程序

1．监督检查目的

Ⅲ类射线装置中的非医用X射线机的数量和种类较多，如射线行李包检查装置、X射线衍射仪等。这类装置对人体和环境的潜在危险相对较小，对这类单位进行监督检查，主要验证屏蔽防护的效能、运行的警示系统和管理是否满足国家相关标准的要求。

2．检查程序适用范围

本程序适用于生产X射线行李包检查装置、X射线衍射仪等Ⅲ类非医用射线装置日常监督检查，使用单位可参照本程序执行。

3．引用标准和文件

（1）《X射线行李包检查系统卫生防护标准》（GBZ 127）；

（2）《X射线衍射仪和荧光分析仪防护标准》（GBZ 115）；

（3）《便携式X射线检查系统放射卫生防护标准》（GBZ 117）。

4．监督检查内容

监督检查的具体内容见监督检查表。

5．监督检查意见

核实上次检查意见的落实及改进情况，提出本次检查中存在的问题和意见。

Ⅲ类非医用射线装置监督检查表

1 辐射安全防护设施与运行（每个装置填一个表）

序号	检查项目		设计建造	运行状态	备注
1*	A 场所设施	屏蔽、隔离防护设施			
2*		电离辐射警示标志			
3		辅助防护用品			
4*		机器工作状态显示			
5	B 监测设备	环境辐射水平监测仪表（生产单位）			
6*		个人剂量计			
7	C 其他	灭火器材			

注：加*的项目是重点项，有“设计建造”的划✓，没有的划×；“运行状态”未见异常的划✓，不正常的及没有的划×；不适用的均划 /。不能详尽的在备注中说明。

2 管理制度

序号	检查项目		成文制度	执行情况	备注
1	A 综合	辐射安全管理规定			
2		操作规程			
3	B 监测管理	监测方案			
4		监测仪表使用与校验管理制度			
5	C 人员管理	辐射工作人员培训/再培训管理制度			
6		辐射工作人员个人剂量管理制度			
7	D 应急管理	辐射事故应急预案			

3 法规执行情况

序号	检　查　内　容	检查结果		
		有/是	无/否	备注
1	许可证			
1.1	持证单位的名称、地址、法定代表人是否进行了变更			
	如有：变更后是否办理许可证变更手续			
1.2	持证单位是否改变或超出所从事活动的种类或者范围			
	如有：是否按原申请程序重新申领许可证			
1.3	持证单位是否有新建、改建、扩建生产、使用设施或者场所			
	如有：是否按原申请程序重新申领许可证			
1.4	许可证是否在有效期限内			
	如超出：是否办理许可证延续手续			
2	环评			
2.1	持证单位是否有新建、改建、扩建生产使用设施或者场所			
	相应的环境影响登记表是否批复			
3	射线装置管理			
3.1	射线装置台账			
3.2	射线装置销售台账			
3.3	销售对象是否持证、是否在许可范围内			
	如无：相应许可证，是否已取得环评批文			
4	监测			
4.1	工作区域和环境辐射水平测量档案			
4.2	个人剂量监测记录			
4.3	监测仪器比对或刻度档案			
5	事故			
5.1	是否有辐射事故			
	如有：辐射事故是否按规定报告			
6	人员管理			
6.1	辐射工作人员上岗前培训/再培训档案			
7	辐射安全自查			
7.1	定期辐射安全自查			

序号	检 查 内 容	检查结果		
		有/是	无/否	备注
7.2	年度评估报告			

4 上次检查改进情况

已完成：

未完成（说明理由）：

5 存在的主要问题

检查日期__________________

检查人员签字______________________________________

被检单位代表签字______________________________________

附录 1-5　医用放射性同位素使用监督检查技术程序

辐射安全与防护监督检查技术程序（27）

程序编号：YY1-1　　　　　　　　　　　　版本号：No.3

γ射线远距治疗装置监督检查技术程序

1．监督检查目的

γ射线远距治疗装置是医疗机构针对肿瘤患者的放射治疗设备。这类设备使用的放射源活度大、能量高，是目前医疗机构潜在危险最大的放射源。对这类场所的检查主要确认是否采取措施防止非患者及工作人员误入正在照射的场所，避免其受到意外的辐射照射，降低正在接受治疗的患者非照射器官或组织受到不应有的辐射剂量。

2．检查程序适用范围

本程序适用于医疗机构γ射线远距治疗装置的监督检查。

3．引用标准和文件

（1）《医疗照射防护基本要求》（GBZ 179）；

（2）《远距治疗患者放射防护与质保要求》（GB 16362）；

（3）《医用γ射线远距治疗设备放射卫生防护标准》（GB 16351）；

（4）《医用γ射束远距治疗防护与安全标准》（GBZ 161）；

（5）《γ远距治疗室设计防护要求》（GBZ/T 152）。

4．监督检查内容

监督检查的具体内容见监督检查表。

5．监督检查意见

核实上次检查意见的落实及改进情况，提出本次检查中存在的问题和意见。

γ射线远距治疗装置监督检查表

1 装置基本情况

放射源名称		设计装源总活度/Bq	
装置生产单位		现有活度/Bq	
生产厂家和销售单位是否一致， 如不一致，销售单位名称和持证情况※：			

注：※ 销售并维修调试的单位应持有使用Ⅰ类放射源的许可证。

2 辐射安全防护设施与运行

序号	检 查 项 目		设计建造	运行状态	备注
1*	A 操纵台控制	防止非工作人员操作的锁定开关			
2*		停机后源不能返回“贮存”位时报警			
3*		治疗室监控对讲装置			
4*		源位显示			
5*	B 出入控制	治疗室门与出源联锁			
6*		治疗室内固定式辐射监测仪			
7*		治疗室有迷道			
8*		个人剂量计			
9*		个人剂量报警仪			
10*	C 警告标志	入口处电离辐射警示标志			
11*		入口处源工作状态显示			
12*		主机外表电离辐射警示标志			
13*	D 紧急停止照射装置	治疗床上			
14		治疗室内			
15*		控制台上			
16*		停电或意外中断照射时自动回源			
17	E 其他	治疗室门防夹人装置			
18		火灾报警仪			
19		通风（每小时三到四次）			
20		不间断电源配置			

注：加*的项目是重点项，有“设计建造”的划√，没有的划×；“运行状态”未见异常的划√，不正常的及没有的划×；不适用的划 /。不能详尽的在备注中说明。

3 管理制度

序号	检 查 项 目		成文制度	执行情况	备注
1	A 综合	辐射安全管理规定			
2		操作规程			
3		辐射安全和防护设施维护维修制度（包括机构人员、维护维修内容与频度、重大问题管理措施、重新运行审批级别等）			
4		保安管理制度			
5		放射源管理制度（转让、使用、返回、送贮及台账等）			
6		放射源更换/加装管理制度			
7	B 监测	监测方案			
8		监测仪表使用与校验管理制度			
9	C 人员	辐射工作人员个人剂量管理制度			
10		辐射工作人员培训/再培训制度			
11	D 应急	辐射事故/事件应急预案			

4 法规执行情况

序号	检 查 内 容	检查结果		
		有/是	无/否	备注
1	**许可证**			
1.1	持证单位的名称、地址、法定代表人是否进行了变更			
	如有：变更后是否办理许可证变更手续			
1.2	持证单位是否改变或超出所从事活动的种类或者范围			
	如有：是否按原申请程序重新申领许可证			
1.3	持证单位是否有新建、改建、扩建生产、使用设施或者场所			
	如有：是否按原申请程序重新申领许可证			
1.4	许可证是否在有效期限内			
	如超出：是否办理许可证延续手续			
2	**建设项目环境影响评价审批**			
2.1	是否有新建、改建、扩建使用设施或者场所			
	如有：是否通过环境影响评价审批			
3	**建设项目竣工环境保护验收**			
3.1	是否通过竣工环境保护验收审批			
	如无：是否有竣工环境保护验收监测报告			
4	**退役管理**			
4.1	是否有场所退役			
	如有：是否通过退役环评审批			
	如有：是否通过退役终态验收			
5	**监测**			
5.1	工作区域和环境辐射水平测量档案			
5.2	个人剂量监测记录			
5.3	监测仪器比对或刻度档案			

序号	检 查 内 容	检查结果		
		有/是	无/否	备注
6	**放射源管理**			
6.1	放射源台账			
6.2	是否有放射源进出口			
	如有：放射源的进出口审批档案是否齐全			
6.3	是否有放射源的转让			
	如有：转让审批或备案档案是否齐全			
6.4	增减放射源是否办理副本增减项			
6.5	是否有放射源返回生产厂家或送贮			
	如有：备案档案及记录是否齐全			
7	**辐射安全设施管理**			
7.1	辐射安全和防护设施维护维修记录（包括检查项目、检查方法、检查结果、处理情况、检查时间、检查人员）			
8	**事故与事件**			
8.1	是否发生辐射事故或事件			
	辐射事故或事件是否按规定报告			
9	**人员管理**			
9.1	辐射工作人员上岗前培训/再培训档案			
10	**辐射安全自查**			
10.1	定期辐射安全自查			
10.2	年度评估报告			

5 上次检查改进情况

已完成：

未完成（说明理由）：

6 存在的主要问题

检查日期____________________

检查人员签字____

被检单位代表签字____

辐射安全与防护监督检查技术程序（28）
程序编号：YY1-2　　　　　　　　　　　　　　　　　　　　版本号：No.3

立体定向γ射线外科治疗装置监督检查技术程序

1. 监督检查目的

立体定向γ射线外科治疗是一种使用小野集束γ射线聚焦在靶点进行大剂量照射的技术。这类设备都是使用多枚放射源，尽管每枚放射源属II类，但这些放射源总是聚集使用，总活度大，是目前医疗机构潜在危险最大的聚集源，因此对它们按照I类源实践来进行管理。对这类场所的检查主要是防止非患者及工作人员误入正在照射的场所，受到意外的辐射照射；同时，降低正在接受治疗的患者非照射器官或组织受到不应有的辐射剂量。

2. 检查程序适用范围

本程序适用于立体定向γ射线外科治疗装置的监督检查。

3. 引用标准和文件

（1）《医疗照射防护基本要求》（GBZ 179）；
（2）《X、γ射线头部立体定向外科治疗放射卫生防护标准》（GBZ 168）。

4. 监督检查内容

监督检查的具体内容见监督检查表。

5. 监督检查意见

核实上次检查意见的落实及改进情况，提出本次检查中存在的问题和意见。

立体定向γ射线外科治疗装置监督检查表

1 装置基本情况

<table>
<tr><td>放射源名称</td><td></td><td>设计装源总活度/Bq</td><td></td></tr>
<tr><td>装置生产单位</td><td></td><td>现有活度/Bq</td><td></td></tr>
<tr><td colspan="4">生产厂家和销售单位是否一致，
如不一致，销售单位名称和持证情况※：</td></tr>
</table>

注：※ 销售并维修调试的单位应持有使用Ⅰ类放射源的许可证。

2 辐射安全防护设施与运行

<table>
<tr><td>序号</td><td colspan="2">检 查 项 目</td><td>设计建造</td><td>运行状态</td><td>备注</td></tr>
<tr><td>1*</td><td rowspan="4">A
操纵台
控制</td><td>防止非工作人员操作的锁定开关</td><td></td><td></td><td></td></tr>
<tr><td>2*</td><td>源位显示</td><td></td><td></td><td></td></tr>
<tr><td>3*</td><td>停机后源不能返回贮存位时报警</td><td></td><td></td><td></td></tr>
<tr><td>4*</td><td>治疗室监控对讲装置</td><td></td><td></td><td></td></tr>
<tr><td>5*</td><td rowspan="5">B
出入控制</td><td>治疗室门与源联锁</td><td></td><td></td><td></td></tr>
<tr><td>6</td><td>治疗室有迷道</td><td></td><td></td><td></td></tr>
<tr><td>7*</td><td>治疗室内固定式辐射剂量仪</td><td></td><td></td><td></td></tr>
<tr><td>8*</td><td>个人剂量报警仪</td><td></td><td></td><td></td></tr>
<tr><td>9*</td><td>个人剂量计</td><td></td><td></td><td></td></tr>
<tr><td>10*</td><td rowspan="3">C
警告标志</td><td>出入口处电离辐射警示标志</td><td></td><td></td><td></td></tr>
<tr><td>11*</td><td>出入口处工作状态显示</td><td></td><td></td><td></td></tr>
<tr><td>12*</td><td>主机外表电离辐射警示标志</td><td></td><td></td><td></td></tr>
<tr><td>13*</td><td rowspan="5">D
紧急停止照射
装置</td><td>治疗床上</td><td></td><td></td><td></td></tr>
<tr><td>14</td><td>治疗室内</td><td></td><td></td><td></td></tr>
<tr><td>15*</td><td>控制台上</td><td></td><td></td><td></td></tr>
<tr><td>16*</td><td>停电或意外中断照射时自动回源</td><td></td><td></td><td></td></tr>
<tr><td>17*</td><td>手动应急回源装置</td><td></td><td></td><td></td></tr>
<tr><td>18</td><td rowspan="4">E
其他</td><td>治疗室门防夹人装置</td><td></td><td></td><td></td></tr>
<tr><td>19</td><td>火灾报警仪</td><td></td><td></td><td></td></tr>
<tr><td>20</td><td>通风</td><td></td><td></td><td></td></tr>
<tr><td>21</td><td>不间断电源配置</td><td></td><td></td><td></td></tr>
<tr><td colspan="6"></td></tr>
</table>

注：加*的项目是重点项，有“设计建造”的划✓，没有的划×；“运行状态”未见异常的划✓，不正常的及没有的划×；不适用的均划 /。不能详尽的在备注中说明。

3 管理制度

序号	检　查　项　目		成文制度	执行情况	备注
1	A 综合	辐射安全管理规定			
2		操作规程			
3		辐射安全和防护设施维护维修制度（包括机构人员、维护维修内容与频度、重大问题管理措施、重新运行审批级别等）			
4		保安管理制度			
5		放射源管理制度（转让、使用、返回、送贮及台账等）			
6		放射源更换/加装管理制度			
7	B 监测	监测方案			
8		监测仪表使用与校验管理制度			
9	C 人员	辐射工作人员个人剂量管理制度			
10		辐射工作人员培训/再培训制度			
11	D 应急	辐射事故/事件应急预案			

4 法规执行情况

序号	检　查　内　容	检查结果		
		有/是	无/否	备注
1	**许可证**			
1.1	持证单位的名称、地址、法定代表人是否进行了变更			
	如有：变更后是否办理许可证变更手续			
1.2	持证单位是否改变或超出所从事活动的种类或者范围			
	如有：是否按原申请程序重新申领许可证			
1.3	持证单位是否有新建、改建、扩建生产、使用设施或者场所			
	如有：是否按原申请程序重新申领许可证			
1.4	许可证是否在有效期限内			
	如超出：是否办理许可证延续手续			
2	**建设项目环境影响评价审批**			
2.1	是否有新建、改建、扩建使用设施或者场所			
	如有：是否通过环境影响评价审批			
3	**建设项目竣工环境保护验收**			
3.1	是否通过竣工环境保护验收审批			
	如无：是否有竣工环境保护验收监测报告			
4	**退役**			
4.1	是否有场所退役			
	如有：是否通过退役环评审批			
	如有：是否通过退役终态验收			
5	**监测**			
5.1	工作区域和环境辐射水平测量档案			
5.2	个人剂量监测记录			
5.3	监测仪器比对或刻度档案			
6	**放射源管理**			

序号	检 查 内 容	检查结果		
		有/是	无/否	备注
6.1	放射源台账			
6.2	是否有放射源进出口			
	如有：放射源的进出口审批档案是否齐全			
6.3	是否有放射源的转让			
	如有：转让审批或备案档案是否齐全			
6.4	增减放射源是否办理副本增减项			
6.5	是否有放射源返回生产厂家或送贮			
	如有：备案档案及记录是否齐全			
7	**辐射安全设施管理**			
7.1	辐射安全和防护设施维护维修记录（包括检查项目、检查方法、检查结果、处理情况、检查时间、检查人员）			
8	**事故与事件**			
8.1	是否发生辐射事故或事件			
	辐射事故或事件是否按规定报告			
9	**人员管理**			
9.1	辐射工作人员上岗前培训/再培训档案			
10	**辐射安全自查**			
10.1	定期辐射安全自查			
10.2	年度评估报告			

5 上次检查改进情况

已完成：

未完成（说明理由）：

6 存在的主要问题

检查日期________________

检查人员签字________________________________

被检单位代表签字________________________________

辐射安全与防护监督检查技术程序（29）
程序编号：YY2-1　　　　　　　　　　　　　　　　版本号：No.3

近距离γ射线治疗装置监督检查技术程序

1. 监督检查目的

近距后装γ射线治疗装置的使用是医疗机构针对部分类型的肿瘤患者的放射治疗设备。这类设备使用的放射源活度较大、能量也较高，是目前医疗机构潜在危险较大的放射源。监督检查的目的是核实该场所是否采取措施防止非患者及工作人员误入正在照射的场所，避免其受到意外的辐射照射，同时降低正在接受治疗的患者非肿瘤组织受到不应有的辐射剂量。

2. 检查程序适用范围

本程序适用于医疗机构近距后装γ射线治疗装置的监督检查。

3. 引用标准和文件

《后装γ源近距离治疗卫生防护标准》（GBZ 121）。

4. 监督检查内容

监督检查的具体内容见监督检查表。

5. 监督检查意见

核实上次检查意见的落实及改进情况，提出本次检查中存在的问题和意见。

近距离γ射线治疗装置监督检查表

1 装置基本情况

放射源名称		设计装源总活度/Bq	
装置生产单位		现有活度/Bq	
生产厂家和销售单位是否一致， 如不一致，销售单位名称和持证情况※：			

注：※ 销售并维修调试的单位应持有使用相应类别放射源的许可证。

2 辐射安全防护设施与运行

序号	检 查 项 目		设计建造	运行状态	备注
1*	A 装置安全设施	防止非工作人员操作的锁定开关			
2*		施源器与源联锁			
3*		管道遇堵自动回源			
4*		仿真源模拟运行			
5*		主机外表电离辐射警示标志			
6*		控制台显示放射源位置			
7*		控制台紧急停止照射按钮			
8*		停电或意外中断照射时自动回源装置			
9*		手动回源措施			
10*	B 场所安全设施	治疗室固定式辐射水平监测仪			
11		治疗室有迷道			
12*		治疗室门与出源联锁			
13*		放射源返回储源器的应急开关			
14*		治疗室电视监控对讲装置			
15*		出入口处电离辐射警示标志			
16*		出入口处源工作状态显示			
17*		停电或意外中断照射时声光报警			
18		通风设施			
19		火灾报警仪			
20*		个人剂量计			
21*		个人剂量报警仪			
22	C 放射源贮存	后装源专用贮存室/保险柜			
23		双人双“锁”			
24		防盗门窗			

注：加*的项目是重点项，有“设计建造”的划✓，没有的划×；“运行状态”未见异常的划✓，不正常的及没有的划×；不适用的均划 /。不能详尽的在备注中说明。

3 管理制度

序号	检 查 项 目		成文制度	执行情况	备注
1	A 综合	辐射安全管理规定			
2		操作规程			
3		辐射安全和防护设施维护维修制度（包括机构人员、维护维修内容与频度、重大问题管理措施、重新运行审批级别等）			
4		保安管理制度			
5		放射源管理制度（转让、使用、更换、返回、送贮等）			
6	B 监测	监测方案			
7		监测仪表使用与校验管理制度			
8	C 人员管理	辐射工作人员个人剂量管理制度			
9		辐射工作人员培训/再培训制度			
10	D 应急管理	辐射事故/事件应急预案			

4 法规执行情况

序号	检 查 内 容	检查结果		
		有/是	无/否	备注
1	**许可证**			
1.1	持证单位的名称、地址、法定代表人是否进行了变更			
	如有：变更后是否办理许可证变更手续			
1.2	持证单位是否改变或超出所从事活动的种类或者范围			
	如有：是否按原申请程序重新申领许可证			
1.3	持证单位是否有新建、改建、扩建生产、使用设施或者场所			
	如有：是否按原申请程序重新申领许可证			
1.4	许可证是否在有效期限内			
	如超出：是否办理许可证延续手续			
2	**建设项目环境影响评价审批**			
2.1	是否有新建、改建、扩建使用设施或者场所			
	如有：是否通过环境影响评价审批			
3	**建设项目竣工环境保护验收**			
3.1	是否通过竣工环境保护验收审批			
	如无：是否有竣工环境保护验收监测报告			

序号	检 查 内 容	检查结果		
		有/是	无/否	备注
4	**退役**			
4.1	是否有场所退役			
	如有：是否通过退役环评审批			
	如有：是否通过退役终态验收			
5	**监测**			
5.1	工作区域和环境辐射水平测量档案			
5.2	个人剂量监测记录			
5.3	监测仪器比对或刻度档案			
6	**放射源管理**			
6.1	放射源台账			
6.2	是否有放射源进出口			
	如有：放射源的进出口审批档案是否齐全			
6.3	是否有放射源的转让			
	如有：转让审批或备案档案是否齐全			
6.4	增减放射源是否办理副本增减项			
6.5	是否有放射源返回生产厂家或送贮			
	如有：备案档案及记录是否齐全			
7	**辐射安全设施管理**			
7.1	辐射安全和防护设施维护维修记录（包括检查项目、检查方法、检查结果、处理情况、检查时间、检查人员）			
8	**事故与事件**			
8.1	是否有辐射事故或事件			
	辐射事故或事件是否按规定报告			
9	**人员管理**			
9.1	辐射工作人员上岗前培训/再培训档案			
10	**辐射安全自查**			
10.1	定期辐射安全自查			
10.2	年度评估报告			

5 上次检查改进情况

已完成：

未完成（说明理由）：

6 存在的主要问题

检查日期________________

检查人员签字____

被检单位代表签字____

辐射安全与防护监督检查技术程序（30）

程序编号：YFM-1 版本号：No.3

非密封放射性物质医学应用场所监督检查技术程序

1. 监督检查目的

核医学中广泛使用非密封放射性物质进行诊断和治疗。对这类项目的监督检查，应包括：场所分区布局及人、物流向是否合理，工作人员操作时防护是否得当，对患者的管理是否科学，放射性废物是否按法规要求进行处理等。同时应避免环境污染和职业人员与公众受到不必要的照射。

2. 检查程序适用范围

本程序适用于医用非密封放射性物质使用场所的监督检查。

3. 引用标准和文件

（1）《临床核医学中患者的放射卫生防护标准》（GB 16361）；
（2）《临床核医学卫生防护标准》（GBZ 120）；
（3）《职业性皮肤放射性污染个人检测规范》（GBZ 166）；
（4）《职业性内照射个人检测规范》（GBZ 129）；
（5）《放射性废物管理规定》（GB 14500）；
（6）《医用放射性废物管理卫生防护标准》（GBZ 133）；
（7）《操作非密封源的辐射防护规定》（GB 11930）。

4. 监督检查内容

监督检查的具体内容见监督检查表。

5. 监督检查意见

核实上次检查意见的落实及改进情况，提出本次检查中存在的问题和意见。

非密封放射性物质医学应用场所监督检查表

1 场所基本情况

1.1 非密封放射性物质操作基本信息

工作场所级别	放射性核素/药物名称	一次最大活度/Bq	物理/化学形态	用途

1.2 放射性废物情况

放射性核素	废物形态	处置方案（去向）

2 辐射安全防护设施与运行

序号	检 查 项 目		设计建造	运行状态	备注
1*	A 场所设施	场所分区布局是否合理及有无相应措施/标识			
2*		场所门外电离辐射警示标志			
3*		独立的通风设施（关注流向）			
4*		通风柜/带过滤的负压工作箱（乙级以上场所）			
5*		治疗病房防护（屏蔽、通风）			
6*		注射或口服取药用专用屏蔽			
7		易去污的工作台面和防污染覆盖材料			
8		移动放射性液体时容器不易破裂或有不易破裂的套			
9*		病人专用卫生间			
10*		放射性同位素暂存库或设施			
11*		放射性固体废物收集容器和放射性标识			
12		安全保卫设施（贮存场所必须）			
13*	B 监测设备	便携式辐射监测仪（污染、辐射水平等）			
14*		个人剂量计			
15		个人剂量报警仪			
16		放射性活度计			

序号	检 查 项 目		设计建造	运行状态	备注
17	C 放射性废物和废液	放射性下水系统及标识			
18		放射性衰变池（开展放射性药物治疗单位）			
19*		放射性固体废物暂存间（设施）			
20		废物暂存间屏蔽措施			
21		废物暂存间通风系统			
22*	D 防护器材	个人防护用品			
23*		放射性表面去污用品和试剂			
24		灭火器材			

注：加*的项目是重点项，有“设计建造”的划✓，没有的划×；“运行状态”未见异常的划✓，不正常的及没有的划×；不适用的均划 /。不能详尽的在备注中说明。

3 管理制度

序号	检 查 项 目		成文制度	执行情况	备注
1	A 综合	辐射安全与防护管理规定			
2		放射性药物管理规定（购买、领用、保管和盘存）			
3	B 场所	场所分区管理规定（含人流、物流路线图）			
4		操作规程			
5		去污操作规程			
6		辐射安全和防护设施维护维修制度（包括机构人员、维护维修内容与频度）			
7		患者管理规定			
8		放射性药物（体内）治疗病房管理规定			
9	C 监测	监测方案			
10		监测仪表的使用与校验管理制度			
11	D 人员	辐射工作人员培训/再培训管理制度			
12		辐射工作人员个人剂量管理制度			
13	E 应急	辐射事故/事件应急预案			
14	F 三废	放射性“三废”管理规定			

4 法规执行情况

序号	检 查 内 容	检查结果		
		有/是	无/否	备注
1	**许可证**			
1.1	持证单位的名称、地址、法定代表人是否进行了变更			
	如有：变更后是否办理许可证变更手续			
1.2	持证单位是否改变或超出所从事活动的种类或者范围			
	如有：是否按原申请程序重新申领许可证			
1.3	持证单位是否有新建、改建、扩建生产、使用设施或者场所			
	如有：是否按原申请程序重新申领许可证			
1.4	许可证是否在有效期限内			
	如超出：是否办理许可证延续手续			
2	**建设项目环境影响评价审批**			
2.1	是否有新建、改建、扩建使用设施或者场所			
	如有：是否通过环境影响评价审批			
3	**建设项目竣工环境保护验收**			
3.1	是否通过竣工环境保护验收审批			
	如无：是否有竣工环境保护验收监测报告			
4	**退役**			
4.1	是否有场所退役			
	如有：是否通过退役环评审批			
	如有：是否通过退役终态验收			
5	**进出口和转让**			
5.1	是否有放射性同位素进出口			
	如有：进出口审批和备案档案是否齐全			
5.2	是否有放射性同位素转让			
	如有：转让审批和备案档案是否齐全			
5.3	交接清单是否与转让审批表对应			
6	**监测**			
6.1	工作区域和环境辐射水平测量档案			
6.2	个人剂量监测记录（内外照射）			
6.3	排入环境废液中的放射性核素、活度或浓度、时间、审批及其他情况的记录			
6.4	监测仪器比对或刻度档案			
7	**放射性药物管理**			
7.1	放射性药物管理情况记录（购买、使用）			
7.2	放射性废物送贮或清洁解控档案			
8	**辐射安全设施管理**			
8.1	辐射安全和防护设施维护维修记录（包括检查项目、检查方法、检查结果、处理情况、检查时间、检查人员）			
9	**事故与事件**			
9.1	是否有辐射事故或事件			
	辐射事故或事件是否按规定报告			

序号	检 查 内 容	检查结果		
		有/是	无/否	备注
10	**人员管理**			
10.1	辐射工作人员上岗前培训/再培训档案			
11	**辐射安全自查**			
11.1	定期辐射安全自查			
11.2	年度评估报告			

5 上次检查改进情况

已完成：

未完成（说明理由）：

6 存在的主要问题

检查日期__________________

检查人员签字______________________________________

被检单位代表签字______________________________________

辐射安全与防护监督检查技术程序（31）

程序编号：YFM-2　　　　　　　　　　　　　　　　　　　　版本号：No.3

放射性核素发生器利用场所监督检查技术程序

1．监督检查目的

放射性核素发生器通常是一种能从较长半衰期母体核素中分离出短半衰期核素的装置。对这类发生器制备场所的监督检查，除非密封放射性物质操作场所的安全与防护的要求外，还要求发生器的设计制造有足够的辐射屏蔽，便于运输。

2．检查程序适用范围

本程序适用于放射性核素发生器生产使用场所的监督检查。

3．引用标准与文件

（1）《放射性物质安全运输规程》（GB 11806）；

（2）《放射性废物管理规定》（GB 14500）；

（3）《医用放射性废物管理卫生防护标准》（GBZ 133）；

（4）《操作非密封源的辐射防护规定》（GB 11930）；

（5）《低、中水平放射性固体废物暂时贮存规定》（GB 11928）。

4．监督检查内容

监督检查的具体内容见监督检查表。

5．监督检查意见

核实上次检查意见的落实及改进情况，提出本次检查中存在的问题和意见。

放射性核素发生器利用场所例行监督检查表

1 基本情况

1.1 非密封放射性物质基本信息

核素名称	操作场所级别	物理/化学形态	简要工艺流程	批准年制备量/活度	实际年制备量/活度

1.2 放射性废物情况

放射性核素	废物形态	处理方案

2 辐射安全防护设施与运行

序号	检查项目		设计建造	运行状态	备注
1*	A 场所设施 （生产、贮存与包装）	场所分区布局是否合理及有无相应措施/标识			
2*		出入口处有电离辐射警示标志			
3*		卫生通过间（乙级以上）			
4*		人员出口配备污染监测仪			
5*		通风设施（流速、流向、过滤、负压）			
6*		防盗装置（贮存场所）			
7*		发生器有辐射屏蔽			
8*		操作位屏蔽防护设施			
9*		放射性废液暂存设施			
10*		放射性固体废物暂存设施			
11	B 检测设备	活度计			
12*		便携式辐射监测仪（污染、辐射水平等）			
13*		个人剂量报警仪			
14*		个人剂量计			
15	C 防护器材	个人防护用品			
16		灭火器材			

注：加*的项目是重点项，有“设计建造”的划✓，没有的划×；“运行状态”未见异常的划✓，不正常的及没有的划×；不适用的均划 /。不能详尽的在备注中说明。

3 管理制度与执行情况

序号	检查项目		成文制度	执行情况	备注
1	A 综合	辐射安全管理规定			
2		非密封放射性物质管理规定（购买、领用、保管盘存等）			
3		放射性“三废”管理规定（发生器返回制度）			
4	B 场所	场所分区管理规定（含人流、物流路线图）			
5		操作规程（操作、贮存及包装等）			
6		去污操作规程			
7		辐射安全和防护设施维护维修制度（包括机构人员、维护维修内容与频度）			
8	C 监测	监测方案			
9		监测仪表使用与校验管理制度			
10	D 人员	辐射工作人员个人剂量管理规定			
11		辐射工作人员培训/再培训管理制度			
12	E 应急	辐射事故/事件应急预案			

4 法规执行情况

序号	检查内容	检查结果		
		有/是	无/否	备注
1	**许可证**			
1.1	持证单位的名称、地址、法定代表人是否进行了变更			
	如有：变更后是否办理许可证变更手续			
1.2	持证单位是否改变或超出所从事活动的种类或者范围			
	如有：是否按原申请程序重新申领许可证			
1.3	持证单位是否有新建、改建、扩建生产、使用设施或者场所			
	如有：是否按原申请程序重新申领许可证			
1.4	许可证是否在有效期限内			
	如超出：是否办理许可证延续手续			
2	**建设项目环境影响评价审批**			
2.1	是否有新建、改建、扩建使用设施或者场所			
	如有：是否通过环境影响评价审批			
3	**建设项目竣工环境保护验收**			
3.1	是否通过竣工环境保护验收审批			
	如无：是否有竣工环境保护验收监测报告			
4	**退役**			
4.1	是否有场所退役			
	如有：是否通过退役环评审批			
	如有：是否通过退役终态验收			
5	**进出口和转让**			
5.1	是否有放射性同位素进出口			
	如有：进出口审批和备案档案是否齐全			

序号	检 查 内 容	检查结果		
		有/是	无/否	备注
5.2	是否有放射性同位素转让			
	如有：转让审批和备案档案是否齐全			
5.3	交接清单是否与转让审批对应			
	是否应增加是否一致			
6	**监测**			
6.1	工作区域和环境辐射水平测量档案			
6.2	个人剂量监测记录			
6.3	监测仪器比对或刻度档案			
7	**辐射安全设施管理**			
7.1	辐射安全和防护设施维护维修记录（包括检查项目、检查方法、检查结果、处理情况、检查时间、检查人员）			
8	**放射性物质管理**			
8.1	非密封放射性物质销售/使用台账			
8.2	发生器返回记录			
9	**事件与事故**			
9.1	是否有辐射事故或事件			
	辐射事故或事件是否按规定报告			
10	**人员管理**			
10.1	辐射工作人员上岗前培训/再培训档案			
11	**辐射安全自查**			
11.1	定期辐射安全自查			
11.2	年度评估报告			

5 上次检查改进情况

已完成：

未完成（说明理由）：

6 存在的主要问题

检查日期____________________

检查人员签字____

被检单位代表签字____

附录 1-6　医用射线装置使用监督检查技术程序

辐射安全与防护监督检查技术程序（32）

程序编号：YZ1-1　　　　　　　　　　　　　　　版本号：No.3

质子（重离子）加速器治疗场所监督检查技术程序

1. 监督检查目的

医用质子（重离子）加速器为 I 类射线装置，是高危险的射线装置，事故时可以使短时间受照射人员产生严重放射损伤，甚至死亡，或对环境造成严重影响。加速器的肿瘤治疗，需要有严格的质量保证和患者防护。对这类单位进行监督检查，除验证屏蔽防护的效能和安全措施外，还要注意放射性“三废”的监测、排放和处理问题，严格按照国家相关法律、法规、条例和标准要求，确保工作人员、受治疗的患者、公众和环境的安全。

2. 检查程序适用范围

本程序适用于 I 类射线装置中的质子（重离子）加速器治疗应用的监督检查。

3. 引用标准和文件

（1）《电离辐射防护与辐射源安全基本标准》（GB 18871）；

（2）《放射治疗机房设计导则》（GB/T 17827）；

（3）《放射治疗机房的辐射屏蔽规范》（GBZ/T 201.1）。

4. 监督检查内容

监督检查的具体内容见监督检查表。

5. 监督检查意见

核实上次检查意见的落实及改进情况，提出本次检查中存在的问题和意见。

质子（重离子）加速器治疗场所监督检查表

1 加速器基本情况

<table>
<tr><td>加速器型号</td><td>生产厂家</td></tr>
<tr><td colspan="2">销售单位名称和持证情况※</td></tr>
<tr><td colspan="2">粒子种类：质子（） 重离子（）</td></tr>
<tr><td colspan="2">加速器的粒子能量： MeV
最高束流强度： mA，粒子束流最大功率： W</td></tr>
<tr><td colspan="2">治疗装置与实验站总数 个
固定治疗装置 个，旋转治疗装置 个
实验站数 个</td></tr>
<tr><td colspan="2">治疗装置附带的定位检查用 X 射线装置 台
X 射线管电压 kV，X 射线管电流 mA</td></tr>
<tr><td colspan="2">注：粒子种类栏内，对质子，在括号内划√；对重离子，在括号内划√，其后横线上填重离子种类。</td></tr>
</table>

注：※ 销售（建造）、维修调试射线装置的单位应持有 I 类射线装置的许可证。

2 安全防护设施运行情况

A 场所内的安全与联锁设施

<table>
<tr><td rowspan="2" colspan="2">序号</td><td rowspan="2">检 查 内 容</td><td colspan="2">加速器厅与传输通道</td><td colspan="2">治疗装置机架室</td><td colspan="2">治疗装置室</td></tr>
<tr><td>设施</td><td>状态</td><td>设施</td><td>状态</td><td>设施</td><td>状态</td></tr>
<tr><td colspan="2">A1*</td><td>监控摄像头（数量）</td><td></td><td></td><td></td><td></td><td></td><td></td></tr>
<tr><td colspan="2">A2</td><td>语音提示装置</td><td></td><td></td><td></td><td></td><td></td><td></td></tr>
<tr><td colspan="2">A3*</td><td>加速器运行状态显示</td><td></td><td></td><td></td><td></td><td></td><td></td></tr>
<tr><td colspan="2">A4*</td><td>准备出束铃声警告</td><td></td><td></td><td></td><td></td><td></td><td></td></tr>
<tr><td colspan="2">A5*</td><td>巡更清场联锁（数量）</td><td></td><td></td><td></td><td></td><td></td><td></td></tr>
<tr><td colspan="2">A6*</td><td>固定的剂量监测探头（γ、n，数量）</td><td></td><td></td><td></td><td></td><td></td><td></td></tr>
<tr><td rowspan="3">A7</td><td>1*</td><td>紧急停机按钮（数量）</td><td></td><td></td><td></td><td></td><td></td><td></td></tr>
<tr><td>2</td><td>有自锁的复位按钮（数量）</td><td></td><td></td><td></td><td></td><td></td><td></td></tr>
<tr><td>3</td><td>按钮处醒目标识</td><td></td><td></td><td></td><td></td><td></td><td></td></tr>
<tr><td colspan="2">A8*</td><td>束流转向及传输出口闸门联锁</td><td></td><td></td><td></td><td></td><td>×</td><td>×</td></tr>
<tr><td colspan="2">A9</td><td>闸门开、关状态显示</td><td></td><td></td><td></td><td></td><td>×</td><td>×</td></tr>
<tr><td rowspan="2">A10</td><td>1</td><td>独立的通风设施</td><td></td><td></td><td></td><td></td><td></td><td></td></tr>
<tr><td>2</td><td>通风设施联锁</td><td></td><td></td><td></td><td></td><td></td><td></td></tr>
<tr><td colspan="2">A11</td><td>部件活化较高剂量率区的放射警示标志</td><td></td><td></td><td></td><td></td><td>×</td><td>×</td></tr>
<tr><td colspan="2">A12</td><td>火灾报警系统</td><td></td><td></td><td></td><td></td><td></td><td></td></tr>
<tr><td colspan="9">注：</td></tr>
</table>

B 出入口与防护门的安全设施

序号		检查内容	加速器厅与传输通道		治疗装置机架室		治疗装置室	
			设施	状态	设施	状态	设施	状态
B1*		门外加速器工作状态显示						
B2*		门外电离辐射警示标志						
B3		门内紧急开门按钮						
B4*		门与加速器高压触发联锁						
B5	1*	开门钥匙开关						
	2*	门禁系统　刷卡出入						
	3	读卡记录进入人员编码、总数					×	×
	4	人员总数清零与出束联锁					×	×
B6*		门与束流传输出口闸门及粒子束联锁						
B7*		门与场所的辐射剂量率联锁						
B8*		门与通风联锁					×	×
B9		停束后延时开门联锁						
B10	1*	治疗装置室紧急开门设施（门外）	×	×	×	×		
	2*	治疗装置室紧急开门设施（控制台）	×	×	×	×		

序号		检查内容	安全门		物品门	
			设施	状态	设施	状态
B11*		设备门外出束状态显示				
B12*		门外显著位置电离辐射警示标志				
B13*		门机联锁				
B14		控制台显示门的开关状态				
B15		安全门内紧急开门			×	×
B16	1	物品门内机械锁	×	×		
	2	机械锁钥匙专人严管	×	×		
注：						

C 控制台的安全设施

序号	检查内容	设施	状态
C1*	束流钥匙开关		
C2*	固定监测点场所剂量读出		
C3*	摄像监控图像屏幕显示		
C4*	语音广播系统		
C5*	紧急停束按键		
C6	束控部件工作状态显示		
C7*	对讲机和电话通信设备		
C8	治疗剂量和时间控制与显示		
C9*	场所辐射安全设施工作状态显示		
C10	准予复位按钮		
注：			

D 加速器设备束控部件的工作状态显示

序号	检 查 内 容	设施	状态
D1	离子源供电电源		
D2	加速器调频调制器		
D3	能量选择系统入口束闸		
D4	能量选择系统出口束闸		
D5	独立的安全控制系统		
注：			

E 剂量监测设备

序号	检 查 内 容	设施	状态
E1*	个人剂量报警仪（台数）		
E2*	γ射线和中子个人剂量计		
E3*	便携式γ射线和中子剂量监测仪		
E4	放射性物质表面污染监测仪		
E5*	控制区固定式辐射剂量监测仪		
E6	环境γ或中子固定式辐射剂量监测仪		
注：			

F 活化产物与其他

序号		检 查 内 容	设施	状态
F1		通风系统与火灾报警系统联锁		
F2		特种气体和易燃易爆气体探测器		
F3		不间断电源配置		
F4		治疗装置可移动部件移动中的音响警告		
F5		治疗控制条件与治疗计划一致性验证联锁		
F6		控制区内有对讲机和电话通讯设备		
F7	1	更换下来的活化部件专门处所存放		
	2	已存有活化部件局部屏蔽		
	3	患者专用模块专门存放		
F8		一回路冷却水备用存储池		
F9		用过的去离子树脂专设存放处		
注：				

注：表A至表F的填写说明：

1. 加*的项目是重点项；
2. 在设施栏中，安装有设施的划✓，没有的划×，不适用的划/；对含有数量的项目，填写数量数值；
3. 对需要补充说明的，在注栏中写明序号和补充说明内容。

3 管理制度

序号	项目	检　查　项　目	成文制度	执行情况	备注
1	A 综合	辐射安全管理规定			
2		装置运行安全操作规程			
3	B 场所	场所分区管理规定			
4		保安管理规定			
5		辐射安全和防护设施维护维修制度（包括机构人员、维护维修内容与频度、重大问题管理措施、重新运行审批级别等）			
6	C 监测	监测方案			
7		监测仪表使用与校验管理制度			
8	D 人员	辐射工作人员个人剂量管理制度			
9		辐射工作人员培训/再培训管理制度			
10	E 应急	辐射事故/事件应急预案			
11	F 废物	放射性“三废”管理规定			

4 法规执行情况

序号	检　查　内　容	检查结果		
		有/是	无/否	备注
1	**许可证**			
1.1	持证单位的名称、地址、法定代表人是否进行了变更			
	如有：变更后是否办理许可证变更手续			
1.2	持证单位是否改变或超出所从事活动的种类或者范围			
	如有：是否按原申请程序重新申领许可证			
1.3	持证单位是否有新建、改建、扩建生产、使用设施或者场所			
	如有：是否按原申请程序重新申领许可证			
1.4	许可证是否在有效期限内			
	如超出：是否办理许可证延续手续			
2	**建设项目环境影响评价审批**			
2.1	是否有新建、改建、扩建使用设施或者场所			
	如有：是否通过环境影响评价审批			
3	**建设项目竣工环境保护验收**			
3.1	是否通过竣工环境保护验收审批			
	如无：是否有竣工环境保护验收监测报告			
4	**退役**			
4.1	是否有场所和装置退役			
	如有：是否通过退役环评审批			
	如有：是否通过退役终态验收			
5	**监测**			
5.1	工作区域和环境辐射水平测量档案			
5.2	强活化部件辐射水平测量记录			
5.3	放射性废水废物监测记录			

序号	检 查 内 容	检查结果		
		有/是	无/否	备注
5.4	放射性气体和气溶胶监测记录			
5.5	个人剂量监测记录			
5.6	监测仪器比对或刻度档案			
6	**放射性废物管理**			
6.1	废物送贮档案			
7	**辐射安全设施管理**			
7.1	辐射安全和防护设施维护维修记录（包括检查项目、检查方法、检查结果、处理情况、检查时间、检查人员）			
7.2	调机或检修机器时若旁路联锁系统，是否有经批准的旁路运行方案及审批备案			
7.3	联锁系统旁路消除后，是否进行核查并记录备案			
8	**事故与事件**			
8.1	是否有辐射事故或事件			
	辐射事故或事件是否按规定报告			
9	**人员管理**			
9.1	注册核安全工程师人数是否满足要求			
9.2	辐射工作人员上岗前培训/再培训档案			
10	**辐射安全自查**			
10.1	定期辐射安全自查			
10.2	年度评估报告			

5 上次检查改进情况

已完成：

未完成（说明理由）：

6 存在的主要问题

检查日期________________

检查人员签字____________________________________

被检单位代表签字____________________________________

辐射安全与防护监督检查技术程序（33）

程序编号：YZ2-1　　　　　　　　　　　　　　　　　版本号：No.3

医用电子直线加速器使用场所监督检查技术程序

1．监督检查目的

Ⅱ类射线装置中的医用电子直线加速器主要是用加速器产生的高能电子线和X射线来进行远距离放射治疗，对人体和环境有一定的潜在危险。能量高于 10 MeV 的加速器存在一定的放射性“三废”问题，对这类单位进行监督检查，主要验证屏蔽防护的效能和安全措施是否满足国家相关法律、法规、条例或标准的要求，确保工作人员、公众和环境的安全。

2．检查程序适用范围

本程序适用于Ⅱ类射线装置中的医用治疗加速器应用的监督检查。

3．引用标准和文件

（1）《远距治疗患者放射防护与质保要求》（GB 16362）；

（2）《电子加速器放射治疗放射防护要求》（GBZ 126）；

（3）《放射治疗机房设计导则》（GB/T 17827）；

（4）《放射治疗机房的辐射屏蔽规范》（GBZ/T 201.1）。

4．监督检查内容

监督检查的具体内容见监督检查表。

5．监督检查意见

核实上次检查意见的落实及改进情况，提出本次检查中存在的问题和意见。

医用低能加速器使用场所监督检查表

1 加速器基本信息

<table>
<tr><td>加速器型号</td><td></td><td>加速器名称</td><td></td></tr>
<tr><td>生产厂家</td><td colspan="3"></td></tr>
<tr><td colspan="4">生产厂家和销售单位是否一致，
如不一致，销售单位名称和持证情况※：</td></tr>
<tr><td rowspan="2">最大能量/
（MV/MeV）</td><td>X 射线</td><td colspan="2">电子</td></tr>
<tr><td></td><td colspan="2"></td></tr>
</table>

注：※ 销售并维修调试单位应持有使用Ⅱ类射线装置的许可证。

2 安全与防护设施运行

<table>
<tr><th>序号</th><th>项目</th><th>检 查 内 容</th><th>设计建造</th><th>运行状态</th><th>备注</th></tr>
<tr><td>1*</td><td rowspan="5">A
控制台及安全联锁</td><td>防止非工作人员操作的钥匙开关</td><td></td><td></td><td></td></tr>
<tr><td>2*</td><td>控制台有紧急停机按钮</td><td></td><td></td><td></td></tr>
<tr><td>3*</td><td>电视监控与对讲系统</td><td></td><td></td><td></td></tr>
<tr><td>4*</td><td>治疗室门与束流联锁</td><td></td><td></td><td></td></tr>
<tr><td>5</td><td>治疗室内准备出束音响提示</td><td></td><td></td><td></td></tr>
<tr><td>6*</td><td rowspan="2">B
警示装置</td><td>出入口电离辐射警示标志</td><td></td><td></td><td></td></tr>
<tr><td>7*</td><td>出入口有工作状态显示</td><td></td><td></td><td></td></tr>
<tr><td>8*</td><td rowspan="5">C
照射室紧急设施</td><td>治疗室内有紧急停机按钮</td><td></td><td></td><td></td></tr>
<tr><td>9*</td><td>治疗床有紧急停机按钮</td><td></td><td></td><td></td></tr>
<tr><td>10</td><td>紧急照明系统</td><td></td><td></td><td></td></tr>
<tr><td>11</td><td>紧急开门按钮</td><td></td><td></td><td></td></tr>
<tr><td>12</td><td>治疗室门防夹人装置</td><td></td><td></td><td></td></tr>
<tr><td>13</td><td rowspan="4">D
监测设备</td><td>治疗室内固定式剂量报警仪</td><td></td><td></td><td></td></tr>
<tr><td>14*</td><td>便携式辐射监测仪器仪表</td><td></td><td></td><td></td></tr>
<tr><td>15*</td><td>个人剂量报警仪</td><td></td><td></td><td></td></tr>
<tr><td>16*</td><td>个人剂量计</td><td></td><td></td><td></td></tr>
<tr><td>17</td><td rowspan="3">E
其他</td><td>通风系统</td><td></td><td></td><td></td></tr>
<tr><td>18</td><td>火灾报警仪</td><td></td><td></td><td></td></tr>
<tr><td>19</td><td>灭火器材</td><td></td><td></td><td></td></tr>
<tr><td colspan="6"></td></tr>
</table>

注：加*的项目是重点项，有“设计建造”的划✓，没有的划×；“运行状态”未见异常的划✓，不正常的及没有的划×；不适用的均划 /。不能详尽的在备注中说明。

3 管理制度

序号	项目	检 查 项 目	成文制度	执行情况	备注
1	A 综合	辐射安全管理规定			
2	B 场所设施	操作规程			
3		辐射安全防护设施的维护与维修制度（包括机构人员、维护维修内容与频度、重大问题管理措施、重新运行审批级别等）			
4	C 监测	监测方案			
5		监测仪表使用与校验管理制度			
6	D 人员	辐射工作人员培训/再培训管理制度			
7		辐射工作人员个人剂量管理制度			
8	E 应急	辐射事故应急预案			
9	F 三废	放射性“三废”管理规定			

4 法规执行情况

序号	检 查 内 容	检查结果		
		有/是	无/否	备注
1	**许可证**			
1.1	持证单位的名称、地址、法定代表人是否进行了变更			
	如有：变更后是否办理许可证变更手续			
1.2	持证单位是否改变或超出所从事活动的种类或者范围			
	如有：是否按原申请程序重新申领许可证			
1.3	持证单位是否有新建、改建、扩建生产、使用设施或者场所			
	如有：是否按原申请程序重新申领许可证			
1.4	许可证是否在有效期限内			
	如超出：是否办理许可证延续手续			
2	**建设项目环境影响评价审批**			
2.1	是否有新建、改建、扩建使用设施或者场所			
	如有：是否通过环境影响评价审批			
3	**建设项目竣工环境保护验收**			
3.1	是否通过竣工环境保护验收审批			
	如无：是否有竣工环境保护验收监测报告			
4	**退役**			
4.1	是否有场所和装置退役			
	如有：是否通过退役环评审批			
	如有：是否通过退役终态验收			
5	**监测**			
5.1	工作区域和环境辐射水平测量档案			
5.2	个人剂量监测记录			

序号	检 查 内 容	检查结果		
		有/是	无/否	备注
5.3	监测仪器比对或刻度档案			
6	**射线装置管理**			
6.1	射线装置台账			
7	**放射性废物管理**			
7.1	废物（废源）送贮档案			
8	**辐射安全设施管理**			
8.1	安全防护设施维护与维修工作记录（包括检查项目、检查方法、检查结果、处理情况、检查时间、检查人员）			
9	**事故**			
9.1	是否有辐射事故			
	辐射事故是否按规定报告			
10	**人员管理**			
10.1	辐射工作人员上岗前培训/再培训档案			
11	**辐射安全自查**			
11.1	定期辐射安全自查			
11.2	年度评估报告			

5 上次检查改进情况

已完成：

未完成（说明理由）：

6 存在的主要问题

检查日期________________

检查人员签字______________________________________

被检单位代表签字______________________________________

辐射安全与防护监督检查技术程序（34）

程序编号：YZ2-3　　　　　　　　　　　　　　　　　　　　　版本号：No.3

医用治疗 X 射线机监督检查技术程序

1．监督检查目的

Ⅱ类射线装置中的医用治疗 X 射线机是用于浅部放射治疗，对人体和环境的潜在危险相对较小，对这类场所进行监督检查，主要验证屏蔽防护的效能和管理，使其满足国家相关标准的要求。

2．检查程序适用范围

本程序适用于医用治疗 X 射线机调试和使用场所的监督检查。

3．引用标准和文件

《医用 X 射线治疗卫生防护标准》（GBZ 131）。

4．监督检查内容

监督检查的具体内容见监督检查表。

5．监督检查意见

核实上次检查意见的落实及改进情况，提出本次检查中存在的问题和意见。

医用治疗 X 射线机监督检查表

1 X 射线机基本信息

<table>
<tr><td colspan="4">X 射线机型号：</td></tr>
<tr><td colspan="4">生产厂家：</td></tr>
<tr><td colspan="4">生产厂家和销售单位是否一致，
如不一致，销售单位名称和持证情况※：</td></tr>
<tr><td colspan="2">管电压/kV</td><td colspan="2">流强/mA</td></tr>
<tr><td>最大</td><td>常用</td><td>最大</td><td>常用</td></tr>
<tr><td></td><td></td><td></td><td></td></tr>
</table>

注：※销售并维修调试单位应持有使用Ⅱ类射线装置的许可证。

2 辐射安全防护设施与运行

<table>
<tr><td>序号</td><td colspan="2">检 查 项 目</td><td>设计建造</td><td>运行状态</td><td>备注</td></tr>
<tr><td>1*</td><td rowspan="13">A
场所设施</td><td>防止非工作人员操作的锁定开关</td><td></td><td></td><td></td></tr>
<tr><td>2*</td><td>门机联锁系统</td><td></td><td></td><td></td></tr>
<tr><td>3*</td><td>治疗室电视监控设施或观察窗</td><td></td><td></td><td></td></tr>
<tr><td>4*</td><td>对讲装置</td><td></td><td></td><td></td></tr>
<tr><td>5*</td><td>防护门</td><td></td><td></td><td></td></tr>
<tr><td>6*</td><td>通风设施</td><td></td><td></td><td></td></tr>
<tr><td>7*</td><td>治疗室内紧急停机按钮</td><td></td><td></td><td></td></tr>
<tr><td>8*</td><td>控制台上紧急停机按钮</td><td></td><td></td><td></td></tr>
<tr><td>9*</td><td>出口处紧急开门按钮</td><td></td><td></td><td></td></tr>
<tr><td>10*</td><td>出入口处电离辐射警示标志</td><td></td><td></td><td></td></tr>
<tr><td>11*</td><td>出入口处机器工作状态显示</td><td></td><td></td><td></td></tr>
<tr><td>12</td><td>火灾报警仪</td><td></td><td></td><td></td></tr>
<tr><td>13</td><td>灭火器材</td><td></td><td></td><td></td></tr>
<tr><td>14</td><td rowspan="3">B
监测设备</td><td>便携式辐射监测仪</td><td></td><td></td><td></td></tr>
<tr><td>15*</td><td>个人剂量计</td><td></td><td></td><td></td></tr>
<tr><td>16*</td><td>个人剂量报警仪</td><td></td><td></td><td></td></tr>
<tr><td colspan="6"></td></tr>
</table>

注：加*的项目是重点项，有“设计建造”的划√，没有的划×；“运行状态”未见异常的划√，不正常的及没有的划×；不适用的均划 /。不能详尽的在备注中说明。

3 管理制度

序号	检查项目		成文制度	执行情况	备注
1	A 综合	辐射安全管理规定			
2	B 场所设施	操作规程			
3		辐射安全防护设施的维护与维修制度（包括机构人员、维护维修内容与频度、重大问题管理措施、重新运行审批级别等）			
4	C 监测	监测方案			
5		监测仪表使用与校验管理制度			
6	D 人员	辐射工作人员培训/再培训管理制度			
7		辐射工作人员个人剂量管理制度			
8	E 应急	辐射事故应急预案			

4 法规执行情况

序号	检查内容	检查结果		
		有/是	无/否	备注
1	**许可证**			
1.1	持证单位的名称、地址、法定代表人是否进行了变更			
	如有：变更后是否办理许可证变更手续			
1.2	持证单位是否改变或超出所从事活动的种类或者范围			
	如有：是否按原申请程序重新申领许可证			
1.3	持证单位是否有新建、改建、扩建生产、使用设施或者场所			
	如有：是否按原申请程序重新申领许可证			
1.4	许可证是否在有效期限内			
	如超出：是否办理许可证延续手续			
2	**建设项目环境影响评价审批**			
2.1	是否有新建、改建、扩建使用设施或者场所			
	如有：是否通过环境影响评价审批			
3	**建设项目竣工环境保护验收**			
3.1	是否通过竣工环境保护验收审批			
	如无：是否有竣工环境保护验收监测报告			
4	**退役**			
4.1	是否有场所和装置退役			
	如有：是否通过退役环评审批			
	如有：是否通过退役终态验收			
5	**监测**			
5.1	工作区域和环境辐射水平测量档案			
5.2	个人剂量监测记录			

序号	检 查 内 容	检查结果		
		有/是	无/否	备注
5.3	监测仪器比对或刻度档案			
6	**射线装置管理**			
6.1	射线装置台账			
7	**辐射安全设施管理**			
7.1	安全防护设施维护与维修工作记录（包括检查项目、检查方法、检查结果、处理情况、检查时间、检查人员）			
8	**事故与事件**			
8.1	是否有辐射事故			
	辐射事故是否按规定报告			
9	**人员管理**			
9.1	辐射工作人员上岗前培训/再培训档案			
10	**辐射安全自查**			
10.1	定期辐射安全自查			
10.2	年度评估报告			

5 上次检查改进情况

已完成：

未完成（说明理由）：

6 存在的主要问题

检查日期________________

检查人员签字______________________________________

被检单位代表签字______________________________________

辐射安全与防护监督检查技术程序（35）

程序编号：YZ2-4　　　　　　　　　　　　　　　　　　　　版本号：No.3

数字减影血管造影X射线装置（DSA）监督检查技术程序

1. 监督检查目的

数字减影血管造影技术（DSA）是一种新的X射线成像系统，是常规血管造影术和电子计算机图像处理技术相结合的产物。可满足心血管、外周血管的介入检查和治疗，以及各部位非血管介入性检查治疗的需要，对患者和手术医生的辐射剂量相对较大。因此对这类场所进行监督检查，主要验证屏蔽防护的效能和管理，使手术医生和患者受到的辐射剂量降到可合理达到的最低水平。

2. 检查程序适用范围

本程序适用于数字减影血管造影X射线装置（DSA）使用场所的监督检查。

3. 引用标准和文件

《电离辐射防护与辐射源安全基本标准》（GB 18871）。

4. 监督检查内容

监督检查的具体内容见监督检查表。

5. 监督检查意见

核实上次检查意见的落实及改进情况，提出本次检查中存在的问题和意见。

数字减影血管造影X射线装置监督检查表

1 X射线机基本信息

<table>
<tr><td colspan="4">X射线机型号：</td></tr>
<tr><td colspan="4">生产厂家：</td></tr>
<tr><td colspan="4">生产厂家和销售单位是否一致，
如不一致，销售单位名称和持证情况※：</td></tr>
<tr><td colspan="2">管电压/kV</td><td colspan="2">流强/mA</td></tr>
<tr><td>最大</td><td>常用</td><td>最大</td><td>常用</td></tr>
<tr><td></td><td></td><td></td><td></td></tr>
</table>

注：※销售并维修调试单位应持有使用Ⅱ类射线装置的许可证。

2 辐射安全防护设施与运行

<table>
<tr><td>序号</td><td colspan="2">检 查 项 目</td><td>设计建造</td><td>运行状态</td><td>备注</td></tr>
<tr><td>1*</td><td rowspan="8">A
场所设施</td><td>操作位局部屏蔽防护设施</td><td></td><td></td><td></td></tr>
<tr><td>2*</td><td>医护人员的个人防护</td><td></td><td></td><td></td></tr>
<tr><td>3</td><td>患者防护</td><td></td><td></td><td></td></tr>
<tr><td>4*</td><td>观察窗屏蔽</td><td></td><td></td><td></td></tr>
<tr><td>5</td><td>机房防护门窗</td><td></td><td></td><td></td></tr>
<tr><td>6</td><td>通风设施</td><td></td><td></td><td></td></tr>
<tr><td>7*</td><td>入口处电离辐射警告标志</td><td></td><td></td><td></td></tr>
<tr><td>8</td><td>入口处机器工作状态显示</td><td></td><td></td><td></td></tr>
<tr><td>9*</td><td rowspan="3">B
监测设备</td><td>辐射水平监测仪表</td><td></td><td></td><td></td></tr>
<tr><td>10*</td><td>个人剂量计</td><td></td><td></td><td></td></tr>
<tr><td>11</td><td>腕部剂量计</td><td></td><td></td><td></td></tr>
<tr><td colspan="6"></td></tr>
</table>

注：加*的项目是重点项，有“设计建造”的划✓，没有的划×；“运行状态”未见异常的划✓，不正常的及没有的划×；不适用的均划 /。不能详尽的在备注中说明。

3 管理制度

<table>
<tr><td>序号</td><td colspan="2">检 查 项 目</td><td>成文制度</td><td>执行情况</td><td>备注</td></tr>
<tr><td>1</td><td>A
综合</td><td>辐射安全管理规定</td><td></td><td></td><td></td></tr>
<tr><td>2</td><td rowspan="2">B
场所设施</td><td>操作规程</td><td></td><td></td><td></td></tr>
<tr><td>3</td><td>辐射安全和防护设施维护维修制度（包括机构人员、维护维修内容与频度）</td><td></td><td></td><td></td></tr>
</table>

序号	检查项目		成文制度	执行情况	备注
4	C 监测	监测方案			
5		监测仪表使用与校验管理制度			
6	D 人员	辐射工作人员培训/再培训管理制度			
7		辐射工作人员个人剂量管理制度			
8	E 应急	辐射事故应急预案			

4 法规执行情况

序号	检查内容	检查结果		
		有/是	无/否	备注
1	**许可证**			
1.1	持证单位的名称、地址、法定代表人是否进行了变更			
	如有：变更后是否办理许可证变更手续			
1.2	持证单位是否改变或超出所从事活动的种类或者范围			
	如有：是否按原申请程序重新申领许可证			
1.3	持证单位是否有新建、改建、扩建生产、使用设施或者场所			
	如有：是否按原申请程序重新申领许可证			
1.4	许可证是否在有效期限内			
	如超出：是否办理许可证延续手续			
2	**建设项目环境影响评价审批**			
2.1	是否有新建、改建、扩建使用设施或者场所			
	如有：是否通过环境影响评价审批			
3	**建设项目竣工环境保护验收**			
3.1	是否通过竣工环境保护验收审批			
	如无：是否有竣工环境保护验收监测报告			
4	**监测**			
4.1	工作区域和环境辐射水平测量档案			
4.2	个人剂量监测档案			
4.3	手部剂量监测记录			
5	**射线装置管理**			
5.1	射线装置台账			
6	**辐射安全设施管理**			
6.1	安全防护设施维护与维修工作记录（包括检查项目、检查方法、检查结果、处理情况、检查时间、检查人员）			
7	**事故与事件**			
7.1	是否有辐射事故			
	辐射事故是否按规定报告			
8	**人员管理**			
8.1	辐射工作人员上岗前培训/再培训档案			

序号	检 查 内 容	检查结果		
		有/是	无/否	备注
9	**辐射安全自查**			
9.1	定期辐射安全自查			
9.2	年度评估报告			

5 上次检查改进情况

已完成：

未完成（说明理由）：

6 存在的主要问题

检查日期________________

检查人员签字____

被检单位代表签字____

辐射安全与防护监督检查技术程序（36）

程序编号：YZ3-1　　　　　　　　　　　　　　　　　　版本号：No.3

Ⅲ类医用射线装置监督检查技术程序

1. 监督检查目的

Ⅲ类射线装置中的医用X射线机的数量和种类较多，主要用于医学成像诊断，对人体和环境的潜在危险对较小，对这类单位进行监督检查，主要验证屏蔽防护的效能和管理是否满足国家相关标准的要求。

2. 检查程序适用范围

本程序适用于使用Ⅲ类射线装置中的医用X射线机的生产、使用场所的监督检查。

3. 引用标准和文件

（1）《医用X射线诊断受检者放射卫生防护标准》（GB 16348）；

（2）《医用X射线诊断卫生防护标准》（GBZ 130）；

（3）《医用X射线诊断卫生防护监测规范》（GBZ 138）；

（4）《X射线计算机断层摄影放射卫生防护标准》（GBZ 165）。

4. 监督检查内容

监督检查的具体内容见监督检查表。

5. 监督检查意见

核实上次检查意见的落实及改进情况，提出本次检查中存在的问题和意见。

Ⅲ类医用射线装置监督检查表

1 X 射线机基本信息

X 射线机型号：　　　　　　生产厂家：
生产厂家和销售单位是否一致， 如不一致，销售单位名称和持证情况※：

注：※销售并维修调试单位应持有使用Ⅲ类射线装置的许可证。

2 辐射安全防护设施与运行

序号	检 查 项 目		设计建造	运行状态	备注
1*	A 场所设施	隔室操作或防护屏			
2*		观察窗防护			
3*		门窗防护			
4*		候诊位设置合理或有合适的防护			
5		辅助防护用品			
6		通风设施			
7*		出入口处电离辐射警示标志			
8*		出入口处机器工作状态显示			
9*	B 其他	个人剂量计			
10		灭火器材			

注：加*的项目是重点项，有“设计建造”的划✓，没有的划×；“运行状态”未见异常的划✓，不正常的及没有的划×；不适用的均划 /。不能详尽的在备注中说明。

3 管理制度

序号	检 查 项 目		成文制度	执行情况	备注
1	A 综合	辐射安全管理规定			
2	B 场所设施	操作规程			
3		辐射安全和防护设施维护维修制度（包括机构人员、维护维修内容与频度）			
4	C 监测	监测方案			
5		监测仪表使用与校验管理制度			

序号	检 查 项 目		成文制度	执行情况	备注
6	D 人员	辐射工作人员培训/再培训管理制度			
7		辐射工作人员个人剂量管理制度			
8		X 射线诊断中受检者防护规定			
9	E 应急	辐射事故应急预案			

4 法规执行情况

序号	检 查 内 容	检查结果		
		有/是	无/否	备注
1	**许可证**			
1.1	持证单位的名称、地址、法定代表人是否进行了变更			
	如有：变更后是否办理许可证变更手续			
1.2	持证单位是否改变或超出所从事活动的种类或者范围			
	如有：是否按原申请程序重新申领许可证			
1.3	持证单位是否有新建、改建、扩建生产、使用设施或者场所			
	如有：是否按原申请程序重新申领许可证			
1.4	许可证是否在有效期限内			
	如超出：是否办理许可证延续手续			
2	**环评**			
2.1	持证单位是否有新建、改建、扩建使用设施或者场所			
	相应的环境影响登记表是否备案			
3	**监测**			
3.1	工作区域和环境辐射水平测量档案			
3.2	个人剂量监测记录			
4	**射线装置管理**			
4.1	射线装置台账			
5	**辐射安全设施管理**			
5.1	安全防护设施维护与维修工作记录（包括检查项目、检查方法、检查结果、处理情况、检查时间、检查人员）			
6	**事故与事件**			
6.1	是否有辐射事故			
	辐射事故是否按规定报告			
7	**人员管理**			

序号	检 查 内 容	检查结果		
		有/是	无/否	备注
7.1	辐射工作人员上岗前培训/再培训档案			
8	**辐射安全自查**			
8.1	定期辐射安全自查			
8.2	年度评估报告			

5 上次检查改进情况

已完成：

未完成（说明理由）：

6 存在的主要问题

检查日期____________________

检查人员签字____

被检单位代表签字____

附录 2

放射源编码规则

一、本规则所称放射源均指密封放射源，但不包括用于医学治疗中植入人体的种子源。

二、半衰期大于或等于 60 天的放射源（以下简称放射源）必须按照本规则编 12 位编码，半衰期小于 60 天的放射源可以不编码。常见核素半衰期见附表 2-1。

三、生产单位包括生产放射源的单位和利用放射性物质加工或分装放射源的单位。

涉源单位是指从事放射源生产、进口、出口、销售、使用、贮存等业务且拥有放射源的单位。

四、放射源编码由 12 位数字和字母组成，分别表示生产单位（或生产国）、出厂年份、核素代码、产品序列号、放射源类别等内容，详见附件 1。每个放射源具有唯一编码，同一编码不得重复使用。

五、放射源编码要填入放射源编码卡。对于放射源与包装容器或含放射源仪器设备永久固定在一起的，放射源编码卡应固定在容器或设备的明显位置；对于放射源与包装容器或含放射源仪器设备不固定在一起的，在装有放射源的容器或设备的明显位置应设插槽，放射源编码卡插入插槽内。放射源编码卡必须伴随放射源从生产到处置的全过程，放射源发生转移时，“放射源编码卡”必须随放射源共同转移。放射源编码卡的格式见附件 2。

六、对于 2005 年 1 月 1 日后国内生产的所有放射源，由国内生产单位依据本编码规则编制 12 位编码，并如实填写放射源编码卡。产品序列号应按照出厂年份和核素分类排序。编码应报国务院环境保护行政主管部门备案。

七、对于 2005 年 1 月 1 日后从国外进口的所有放射源，放射源进口单位到国务院环境保护行政主管部门办理进口备案手续时，申领放射源编码，并如实填写放射源编码卡。

国务院环境保护行政主管部门按照本编码规则进行编码，产品序列号应按照出厂年份和核素分类排序。

八、对于 2004 年 12 月 31 日以前国内生产或国外进口的所有放射源，由各省级环境保护行政主管部门根据本编码规则和序列号分配表（附表 2-2）进行编码，所有放射源产品序列号统一排序。产品序列号不够使用时，可向国务院环境保护行政主管部门申请。

涉源单位自 2004 年 9 月 1 日至 2004 年 12 月 31 日之间向所在地省级环境保护行政主管部门申领编码，并如实填写放射源编码卡。放射源已按本规则进行编码的，不得再次申请编码。

九、涉源单位在申领编码时应如实提供放射源生产单位（生产国）、核素、出厂日期、出厂活度等必要资料，并对编码卡内容的真实性负责。

十、放射源被处置或由生产单位回收或返回原出口国的，处置单位或生产单位或负责办理废源返回出口国手续的单位应在 30 日之内向所在地省级环境保护行政主管部门办理编码注销手续。

十一、附表 2-1 未列出的核素，由编码单位向国务院环境保护行政主管部门申请核素代码。

十二、附表 2-3 未列出代码的国内生产单位应向国务院环境保护行政主管部门申领单位代码。

十三、国家或地区代码未在附表 2-4 列出的，可查阅国家标准《世界各国和地区名称代码》（GB/T 2659—2000）。

附一　放射源编码格式

附二　放射源编码卡格式

附一

放射源编码格式

1	2	3	4	5	6	7	8	9	10	11	12

放射源编码由 12 位数字和字母组成，其中：

第 1—2 位：国内生产的放射源，为生产单位代码，用两位数字表示，详见附表 2-3；国外生产的放射源，为生产国家代码，用两位字母表示，详见附表 2-4。

第 3—4 位：为出厂年份，用年份后 2 位数字表示。如 2004 年出厂的放射源，则填写 04。放射源于 2005 年 1 月 1 日前出厂且年份不清楚的，填写 NN。

第 5—6 位：为核素代码，常见核素代码见附表 2-1。2005 年 1 月 1 日前出厂的放射源且本项不清楚的，填写 NN。

第 7—11 位：为产品序列号。

第 12 位：为出厂时放射源类别。分为 1、2、3、4、5 类源，分别填写 1、2、3、4、5，不清楚的填写 N。常见放射源分类简表见附表 2-5。

【例 1】生产单位排定产品序列号时，应按出厂年份和核素类别分类后，再排定顺序。如：

中国原子能科学研究院 2005 年生产的 Cs-137 放射源，由生产单位分配产品序列号为 00001，出厂时为 3 类放射源，则其编码为：0405CS000013；

该厂 2005 年生产的 Po-210 放射源，由生产单位分配产品序列号为 00001，出厂时为 3 类放射源，则其编码为：0405PO000013。

【例 2】对于 2004 年 12 月 31 日（含）以前生产的放射源，各省排序时，可不再区分出厂年份、核素和生产单位（生产国），而将所有放射源统一排序。如：

2003 年从美国进口的 Co-60 放射源，在北京使用，如果北京市环境保护局在分配的“00001—05000”号段内为其排定序列号为 00001，出厂时为 4 类放射源，则其编码为：US03CO000014；

2002 年北京原子高科核技术应用股份有限公司出厂的 Cs-137 放射源，在北京使用，如果北京市环境保护局在分配的“00001—05000”号段内为其排定序列号为 00002，出厂时为 4 类放射源，则其编码为：0102CS000024。

附二

放射源编码卡格式

1. 字体均为五号宋体，应为刻印，不得手写。

2. 编码卡材料要适合存档和长期保存，建议使用金属或PVC磁卡材质。

3. 编码卡标准尺寸为5.6厘米×9厘米，可根据容器大小按比例调整尺寸，但应以便于识别为准。

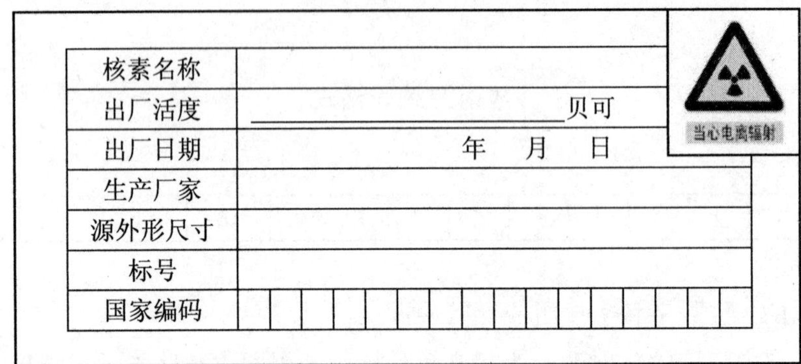

核素名称	
出厂活度	________贝可
出厂日期	年　月　日
生产厂家	
源外形尺寸	
标号	
国家编码	

填写说明：

1. 国家编码为按《放射源编码规则》编制的编码。

2. 核素名称用汉字和核素符号填写。如：钴-60，Co-60。

3. 源外形尺寸填写源本体形状和尺寸。如：圆柱体，ϕ 8 mm×10 mm，立方体，2 mm×2 mm×2 mm。

4. 标号为生产单位刻印在源本体或包壳上的编号。

5. 本卡不能留空，不清楚的项目填“未知”。

附表2-1　常见放射源数据简表

核素	核素名称	半衰期	核素代码
H-3	氢-3	12.33年	H3
Fe-55	铁-55	2.6年	FE
Co-57	钴-57	271.8天	C7
Co-60	钴-60	5.26年	CO
Ni-63	镍-63	100.1年	NI
Ge-68	锗-68	270.8天	GE
Se-75	硒-75	119.8天	SE
Kr-85	氪-85	3 934.4天	KR
Ru-106（Rh-106）	钌-106（铑-106）	368.2天	RU
Cd-109	镉-109	461.4天	CD
Cs-137	铯-137	30.17年	CS
Pm-147	钷-147	2.62年	PM
Gd-153	钆-153	240.4天	GD

核素	核素名称	半衰期	核素代码
Ir-192	铱-192	73.8 天	IR
Po-210	钋-210	138.4 天	PO
Ra-226	镭-226	1 602 年	RA
Pu-238	钚-238	87.7 年	P8
Pu-239/Be	钚-239/铍	24 400 年	P9
Am-241	镅-241	432.2 年	AM
Am-241/Be	镅-241/铍	432.2 年	AB
Cm-244	锔-244	18.1 年	CM
Cf-252	锎-252	2.64 年	CF
P-32	磷-32	14.26 天	—
Mo-99	钼-99	2.7 天	—
Pd-103	钯-103	17.0 天	—
I-125	碘-125	59.7 天	—
I-131	碘-131	8.04 天	—
Au-198	金-198	2.7 天	—

附表 2-2 放射源编码序列号分配表

区段	省、自治区、直辖市	区段	省、自治区、直辖市	区段	省、自治区、直辖市
00001—05000	北京市	47001—50000	安徽省	82501—84500	四川省
05001—09000	天津市	50001—54000	福建省	84501—86500	贵州省
09001—13000	河北省	54001—57000	江西省	86501—88500	云南省
13001—16000	山西省	57001—61000	山东省	88501—90000	西藏自治区
16001—19000	内蒙古自治区	61001—64000	河南省	90001—92000	陕西省
19001—24000	辽宁省	64001—67000	湖北省	92001—94000	甘肃省
24001—27000	吉林省	67001—70000	湖南省	94001—96000	青海省
27001—29000	黑龙江省	70001—76000	广东省	96001—98000	宁夏回族自治区
29001—35000	上海市	76001—79000	广西壮族自治区	98001—99999	新疆维吾尔自治区
35001—41000	江苏省	79001—81000	海南省		
41001—47000	浙江省	81001—82500	重庆市		

附表 2-3 国内生产单位代码表

代码	生 产 单 位
01	北京原子高科核技术应用股份有限公司
02	中核甘肃华原企业总公司
03	中核高通同位素股份有限公司
04	中国原子能科学研究院
05	中国工程物理研究院
06	中国同位素公司
07	
……	
99	
00	放射源为国内生产，但生产单位不清楚

附表 2-4 部分国家名称代码

中文和英文简称	代码	中文和英文简称	代码	中文和英文简称	代码
阿根廷 ARGENTINA	AR	希腊 GREECE	GR	波兰 POLAND	PL
澳大利亚 AUSTRALIA	AU	匈牙利 HUNGARY	HU	葡萄牙 PORTUGAL	PT
白俄罗斯 BELARUS	BY	冰岛 ICELAND	IS	罗马尼亚 ROMANIA	RO
比利时 BELGIUM	BE	印度 INDIA	IN	俄罗斯联邦 RUSSIAN FEDERATION	RU
巴西 BRAZIL	BR	印度尼西亚 INDONESIA	ID	斯洛伐克 SLOVAKIA	SK
保加利亚 BULGARIA	BG	爱尔兰 IRELAND	IE	斯洛文尼亚 SLOVENIA	SI
加拿大 CANADA	CA	以色列 ISRAEL	IL	南非 SOUTH AFRICA	ZA
克罗地亚 CROATIA	HR	意大利 ITALY	IT	西班牙 SPAIN	ES
捷克 CZECH REPUBLIC	CZ	日本 JAPAN	JP	瑞典 SWEDEN	SE
丹麦 DENMARK	DK	哈萨克斯坦 KAZAKHSTAN	KZ	土耳其 TURKEY	TR
埃及 EGYPT	EG	韩国 KOREA，REPUBLIC OF	KR	乌克兰 UKRAINE	UA
爱沙尼亚 ESTONIA	EE	吉尔吉斯斯坦 KYRGYZSTAN	KG	英国 UNITED KINGDOM	GB
芬兰 FINLAND	FI	墨西哥 MEXICO	MX	美国 UNITED STATES	US
法国 FRANCE	FR	荷兰 NETHERLANDS	NL	乌兹别克斯坦 UZBEKISTAN	UZ
德国 GERMANY	DE	挪威 NORWAY	NO	放射源为国外生产，但国家名称不清楚	ZZ

注：引自《世界各国和地区名称代码》(GB/T 2659—2000)。

附表 2-5 常见放射源分类简表

单位：贝可

核素	1 类源	2 类源	3 类源	4 类源	5 类源
H-3	$\geqslant 2\times10^{18}$	$\geqslant 2\times10^{16}$	$\geqslant 2\times10^{15}$	$\geqslant 2\times10^{13}$	$>1\times10^{9}$
P-32	$\geqslant 1\times10^{16}$	$\geqslant 1\times10^{14}$	$\geqslant 1\times10^{13}$	$\geqslant 1\times10^{11}$	$>1\times10^{5}$
Fe-55	$\geqslant 8\times10^{17}$	$\geqslant 8\times10^{15}$	$\geqslant 8\times10^{14}$	$\geqslant 8\times10^{12}$	$>1\times10^{6}$
Co-57	$\geqslant 7\times10^{14}$	$\geqslant 7\times10^{12}$	$\geqslant 7\times10^{11}$	$\geqslant 7\times10^{9}$	$>1\times10^{6}$
Co-60	$\geqslant 3\times10^{13}$	$\geqslant 3\times10^{11}$	$\geqslant 3\times10^{10}$	$\geqslant 3\times10^{8}$	$>1\times10^{5}$
Ni-63	$\geqslant 6\times10^{16}$	$\geqslant 6\times10^{14}$	$\geqslant 6\times10^{13}$	$\geqslant 6\times10^{11}$	$>1\times10^{8}$
Ge-68	$\geqslant 7\times10^{14}$	$\geqslant 7\times10^{12}$	$\geqslant 7\times10^{11}$	$\geqslant 7\times10^{9}$	—
Se-75	$\geqslant 2\times10^{14}$	$\geqslant 2\times10^{12}$	$\geqslant 2\times10^{11}$	$\geqslant 2\times10^{9}$	$>1\times10^{6}$

核素	1 类源	2 类源	3 类源	4 类源	5 类源
Kr-85	$\geqslant 3\times10^{16}$	$\geqslant 3\times10^{14}$	$\geqslant 3\times10^{13}$	$\geqslant 3\times10^{11}$	$>1\times10^{4}$
Mo-99	$\geqslant 3\times10^{14}$	$\geqslant 3\times10^{12}$	$\geqslant 3\times10^{11}$	$\geqslant 3\times10^{9}$	$>1\times10^{6}$
Ru-106（Rh-106）	$\geqslant 3\times10^{14}$	$\geqslant 3\times10^{12}$	$\geqslant 3\times10^{11}$	$\geqslant 3\times10^{9}$	$>1\times10^{5}$
Pd-103	$\geqslant 9\times10^{16}$	$\geqslant 9\times10^{14}$	$\geqslant 9\times10^{13}$	$\geqslant 9\times10^{11}$	$>1\times10^{8}$
Cd-109	$\geqslant 2\times10^{16}$	$\geqslant 2\times10^{14}$	$\geqslant 2\times10^{13}$	$\geqslant 2\times10^{11}$	$>1\times10^{6}$
I-125	$\geqslant 2\times10^{14}$	$\geqslant 2\times10^{12}$	$\geqslant 2\times10^{11}$	$\geqslant 2\times10^{9}$	$>1\times10^{6}$
I-131	$\geqslant 2\times10^{14}$	$\geqslant 2\times10^{12}$	$\geqslant 2\times10^{11}$	$\geqslant 2\times10^{9}$	$>1\times10^{6}$
Cs-137	$\geqslant 1\times10^{14}$	$\geqslant 1\times10^{12}$	$\geqslant 1\times10^{11}$	$\geqslant 1\times10^{9}$	$>1\times10^{4}$
Pm-147	$\geqslant 4\times10^{16}$	$\geqslant 4\times10^{14}$	$\geqslant 4\times10^{13}$	$\geqslant 4\times10^{11}$	$>1\times10^{7}$
Gd-153	$\geqslant 1\times10^{15}$	$\geqslant 1\times10^{13}$	$\geqslant 1\times10^{12}$	$\geqslant 1\times10^{10}$	$>1\times10^{7}$
Ir-192	$\geqslant 8\times10^{13}$	$\geqslant 8\times10^{11}$	$\geqslant 8\times10^{10}$	$\geqslant 8\times10^{8}$	$>1\times10^{4}$
Au-198	$\geqslant 2\times10^{14}$	$\geqslant 2\times10^{12}$	$\geqslant 2\times10^{11}$	$\geqslant 2\times10^{9}$	$>1\times10^{6}$
Po-210	$\geqslant 6\times10^{13}$	$\geqslant 6\times10^{11}$	$\geqslant 6\times10^{10}$	$\geqslant 6\times10^{8}$	$>1\times10^{4}$
Ra-226	$\geqslant 4\times10^{13}$	$\geqslant 4\times10^{11}$	$\geqslant 4\times10^{10}$	$\geqslant 4\times10^{8}$	$>1\times10^{4}$
Pu-238	$\geqslant 6\times10^{13}$	$\geqslant 6\times10^{11}$	$\geqslant 6\times10^{10}$	$\geqslant 6\times10^{8}$	$>1\times10^{4}$
Pu-239/Be	$\geqslant 6\times10^{13}$	$\geqslant 6\times10^{11}$	$\geqslant 6\times10^{10}$	$\geqslant 6\times10^{8}$	—
Am-241	$\geqslant 6\times10^{13}$	$\geqslant 6\times10^{11}$	$\geqslant 6\times10^{10}$	$\geqslant 6\times10^{8}$	$>1\times10^{4}$
Am-241/Be	$\geqslant 6\times10^{13}$	$\geqslant 6\times10^{11}$	$\geqslant 6\times10^{10}$	$\geqslant 6\times10^{8}$	—
Cm-244	$\geqslant 5\times10^{13}$	$\geqslant 5\times10^{11}$	$\geqslant 5\times10^{10}$	$\geqslant 5\times10^{8}$	$>1\times10^{4}$
Cf-252	$\geqslant 2\times10^{13}$	$\geqslant 2\times10^{11}$	$\geqslant 2\times10^{10}$	$\geqslant 2\times10^{8}$	$>1\times10^{4}$

附录 3

放射源分类办法

根据国务院令第 449 号《放射性同位素与射线装置安全和防护条例》规定，制定本放射源分类办法。

一、放射源分类原则

参照国际原子能机构的有关规定，按照放射源对人体健康和环境的潜在危害程度，从高到低将放射源分为Ⅰ、Ⅱ、Ⅲ、Ⅳ、Ⅴ类，Ⅴ类源的下限活度值为该种核素的豁免活度。

（一）Ⅰ类放射源为极高危险源。没有防护情况下，接触这类源几分钟到 1 小时就可致人死亡；

（二）Ⅱ类放射源为高危险源。没有防护情况下，接触这类源几小时至几天可致人死亡；

（三）Ⅲ类放射源为危险源。没有防护情况下，接触这类源几小时就可对人造成永久性损伤，接触几天至几周也可致人死亡；

（四）Ⅳ类放射源为低危险源。基本不会对人造成永久性损伤，但对长时间、近距离接触这些放射源的人可能造成可恢复的临时性损伤；

（五）Ⅴ类放射源为极低危险源。不会对人造成永久性损伤。

二、放射源分类表

常用不同核素的 64 种放射源按附表 3-1 进行分类。

附表 3-1　放射源分类表　　单位：贝可

核素名称	I 类源	II 类源	III 类源	IV 类源	V 类源
Am-241	$\geqslant 6\times10^{13}$	$\geqslant 6\times10^{11}$	$\geqslant 6\times10^{10}$	$\geqslant 6\times10^{8}$	$\geqslant 1\times10^{4}$
Am-241/Be	$\geqslant 6\times10^{13}$	$\geqslant 6\times10^{11}$	$\geqslant 6\times10^{10}$	$\geqslant 6\times10^{8}$	$\geqslant 1\times10^{4}$
Au-198	$\geqslant 2\times10^{14}$	$\geqslant 2\times10^{12}$	$\geqslant 2\times10^{11}$	$\geqslant 2\times10^{9}$	$\geqslant 1\times10^{6}$
Ba-133	$\geqslant 2\times10^{14}$	$\geqslant 2\times10^{12}$	$\geqslant 2\times10^{11}$	$\geqslant 2\times10^{9}$	$\geqslant 1\times10^{6}$
C-14	$\geqslant 5\times10^{16}$	$\geqslant 5\times10^{14}$	$\geqslant 5\times10^{13}$	$\geqslant 5\times10^{11}$	$\geqslant 1\times10^{7}$
Cd-109	$\geqslant 2\times10^{16}$	$\geqslant 2\times10^{14}$	$\geqslant 2\times10^{13}$	$\geqslant 2\times10^{11}$	$\geqslant 1\times10^{6}$
Ce-141	$\geqslant 1\times10^{15}$	$\geqslant 1\times10^{13}$	$\geqslant 1\times10^{12}$	$\geqslant 1\times10^{10}$	$\geqslant 1\times10^{7}$
Ce-144	$\geqslant 9\times10^{14}$	$\geqslant 9\times10^{12}$	$\geqslant 9\times10^{11}$	$\geqslant 9\times10^{9}$	$\geqslant 1\times10^{5}$
Cf-252	$\geqslant 2\times10^{13}$	$\geqslant 2\times10^{11}$	$\geqslant 2\times10^{10}$	$\geqslant 2\times10^{8}$	$\geqslant 1\times10^{4}$
Cl-36	$\geqslant 2\times10^{16}$	$\geqslant 2\times10^{14}$	$\geqslant 2\times10^{13}$	$\geqslant 2\times10^{11}$	$\geqslant 1\times10^{6}$
Cm-242	$\geqslant 4\times10^{13}$	$\geqslant 4\times10^{11}$	$\geqslant 4\times10^{10}$	$\geqslant 4\times10^{8}$	$\geqslant 1\times10^{5}$
Cm-244	$\geqslant 5\times10^{13}$	$\geqslant 5\times10^{11}$	$\geqslant 5\times10^{10}$	$\geqslant 5\times10^{8}$	$\geqslant 1\times10^{4}$
Co-57	$\geqslant 7\times10^{14}$	$\geqslant 7\times10^{12}$	$\geqslant 7\times10^{11}$	$\geqslant 7\times10^{9}$	$\geqslant 1\times10^{6}$
Co-60	$\geqslant 3\times10^{13}$	$\geqslant 3\times10^{11}$	$\geqslant 3\times10^{10}$	$\geqslant 3\times10^{8}$	$\geqslant 1\times10^{5}$

核素名称	I 类源	II 类源	III 类源	IV 类源	V 类源
Cr-51	$\geqslant 2\times10^{15}$	$\geqslant 2\times10^{13}$	$\geqslant 2\times10^{12}$	$\geqslant 2\times10^{10}$	$\geqslant 1\times10^{7}$
Cs-134	$\geqslant 4\times10^{13}$	$\geqslant 4\times10^{11}$	$\geqslant 4\times10^{10}$	$\geqslant 4\times10^{8}$	$\geqslant 1\times10^{4}$
Cs-137	$\geqslant 1\times10^{14}$	$\geqslant 1\times10^{12}$	$\geqslant 1\times10^{11}$	$\geqslant 1\times10^{9}$	$\geqslant 1\times10^{4}$
Eu-152	$\geqslant 6\times10^{13}$	$\geqslant 6\times10^{11}$	$\geqslant 6\times10^{10}$	$\geqslant 6\times10^{8}$	$\geqslant 1\times10^{6}$
Eu-154	$\geqslant 6\times10^{13}$	$\geqslant 6\times10^{11}$	$\geqslant 6\times10^{10}$	$\geqslant 6\times10^{8}$	$\geqslant 1\times10^{6}$
Fe-55	$\geqslant 8\times10^{17}$	$\geqslant 8\times10^{15}$	$\geqslant 8\times10^{14}$	$\geqslant 8\times10^{12}$	$\geqslant 1\times10^{6}$
Gd-153	$\geqslant 1\times10^{15}$	$\geqslant 1\times10^{13}$	$\geqslant 1\times10^{12}$	$\geqslant 1\times10^{10}$	$\geqslant 1\times10^{7}$
Ge-68	$\geqslant 7\times10^{14}$	$\geqslant 7\times10^{12}$	$\geqslant 7\times10^{11}$	$\geqslant 7\times10^{9}$	$\geqslant 1\times10^{5}$
H-3	$\geqslant 2\times10^{18}$	$\geqslant 2\times10^{16}$	$\geqslant 2\times10^{15}$	$\geqslant 2\times10^{13}$	$\geqslant 1\times10^{9}$
Hg-203	$\geqslant 3\times10^{14}$	$\geqslant 3\times10^{12}$	$\geqslant 3\times10^{11}$	$\geqslant 3\times10^{9}$	$\geqslant 1\times10^{5}$
I-125	$\geqslant 2\times10^{14}$	$\geqslant 2\times10^{12}$	$\geqslant 2\times10^{11}$	$\geqslant 2\times10^{9}$	$\geqslant 1\times10^{6}$
I-131	$\geqslant 2\times10^{14}$	$\geqslant 2\times10^{12}$	$\geqslant 2\times10^{11}$	$\geqslant 2\times10^{9}$	$\geqslant 1\times10^{6}$
Ir-192	$\geqslant 8\times10^{13}$	$\geqslant 8\times10^{11}$	$\geqslant 8\times10^{10}$	$\geqslant 8\times10^{8}$	$\geqslant 1\times10^{4}$
Kr-85	$\geqslant 3\times10^{16}$	$\geqslant 3\times10^{14}$	$\geqslant 3\times10^{13}$	$\geqslant 3\times10^{11}$	$\geqslant 1\times10^{4}$
Mo-99	$\geqslant 3\times10^{14}$	$\geqslant 3\times10^{12}$	$\geqslant 3\times10^{11}$	$\geqslant 3\times10^{9}$	$\geqslant 1\times10^{6}$
Nb-95	$\geqslant 9\times10^{13}$	$\geqslant 9\times10^{11}$	$\geqslant 9\times10^{10}$	$\geqslant 9\times10^{8}$	$\geqslant 1\times10^{6}$
Ni-63	$\geqslant 6\times10^{16}$	$\geqslant 6\times10^{14}$	$\geqslant 6\times10^{13}$	$\geqslant 6\times10^{11}$	$\geqslant 1\times10^{8}$
Np-237（Pa-233）	$\geqslant 7\times10^{13}$	$\geqslant 7\times10^{11}$	$\geqslant 7\times10^{10}$	$\geqslant 7\times10^{8}$	$\geqslant 1\times10^{3}$
P-32	$\geqslant 1\times10^{16}$	$\geqslant 1\times10^{14}$	$\geqslant 1\times10^{13}$	$\geqslant 1\times10^{11}$	$\geqslant 1\times10^{5}$
Pd-103	$\geqslant 9\times10^{16}$	$\geqslant 9\times10^{14}$	$\geqslant 9\times10^{13}$	$\geqslant 9\times10^{11}$	$\geqslant 1\times10^{8}$
Pm-147	$\geqslant 4\times10^{16}$	$\geqslant 4\times10^{14}$	$\geqslant 4\times10^{13}$	$\geqslant 4\times10^{11}$	$\geqslant 1\times10^{7}$
Po-210	$\geqslant 6\times10^{13}$	$\geqslant 6\times10^{11}$	$\geqslant 6\times10^{10}$	$\geqslant 6\times10^{8}$	$\geqslant 1\times10^{4}$
Pu-238	$\geqslant 6\times10^{13}$	$\geqslant 6\times10^{11}$	$\geqslant 6\times10^{10}$	$\geqslant 6\times10^{8}$	$\geqslant 1\times10^{4}$
Pu-239/Be	$\geqslant 6\times10^{13}$	$\geqslant 6\times10^{11}$	$\geqslant 6\times10^{10}$	$\geqslant 6\times10^{8}$	$\geqslant 1\times10^{4}$
Pu-239	$\geqslant 6\times10^{13}$	$\geqslant 6\times10^{11}$	$\geqslant 6\times10^{10}$	$\geqslant 6\times10^{8}$	$\geqslant 1\times10^{4}$
Pu-240	$\geqslant 6\times10^{13}$	$\geqslant 6\times10^{11}$	$\geqslant 6\times10^{10}$	$\geqslant 6\times10^{8}$	$\geqslant 1\times10^{3}$
Pu-242	$\geqslant 7\times10^{13}$	$\geqslant 7\times10^{11}$	$\geqslant 7\times10^{10}$	$\geqslant 7\times10^{8}$	$\geqslant 1\times10^{4}$
Ra-226	$\geqslant 4\times10^{13}$	$\geqslant 4\times10^{11}$	$\geqslant 4\times10^{10}$	$\geqslant 4\times10^{8}$	$\geqslant 1\times10^{4}$
Re-188	$\geqslant 1\times10^{15}$	$\geqslant 1\times10^{13}$	$\geqslant 1\times10^{12}$	$\geqslant 1\times10^{10}$	$\geqslant 1\times10^{5}$
Ru-103（Rh-103 m）	$\geqslant 1\times10^{14}$	$\geqslant 1\times10^{12}$	$\geqslant 1\times10^{11}$	$\geqslant 1\times10^{9}$	$\geqslant 1\times10^{6}$
Ru-106（Rh-106）	$\geqslant 3\times10^{14}$	$\geqslant 3\times10^{12}$	$\geqslant 3\times10^{11}$	$\geqslant 3\times10^{9}$	$\geqslant 1\times10^{5}$
S-35	$\geqslant 6\times10^{16}$	$\geqslant 6\times10^{14}$	$\geqslant 6\times10^{13}$	$\geqslant 6\times10^{11}$	$\geqslant 1\times10^{8}$
Se-75	$\geqslant 2\times10^{14}$	$\geqslant 2\times10^{12}$	$\geqslant 2\times10^{11}$	$\geqslant 2\times10^{9}$	$\geqslant 1\times10^{6}$
Sr-89	$\geqslant 2\times10^{16}$	$\geqslant 2\times10^{14}$	$\geqslant 2\times10^{13}$	$\geqslant 2\times10^{11}$	$\geqslant 1\times10^{6}$
Sr-90（Y-90）	$\geqslant 1\times10^{15}$	$\geqslant 1\times10^{13}$	$\geqslant 1\times10^{12}$	$\geqslant 1\times10^{10}$	$\geqslant 1\times10^{4}$

核素名称	I 类源	II 类源	III 类源	IV 类源	V 类源
Tc-99 m	$\geq 7\times10^{14}$	$\geq 7\times10^{12}$	$\geq 7\times10^{11}$	$\geq 7\times10^{9}$	$\geq 1\times10^{7}$
Te-132（I-132）	$\geq 3\times10^{13}$	$\geq 3\times10^{11}$	$\geq 3\times10^{10}$	$\geq 3\times10^{8}$	$\geq 1\times10^{7}$
Th-230	$\geq 7\times10^{13}$	$\geq 7\times10^{11}$	$\geq 7\times10^{10}$	$\geq 7\times10^{8}$	$\geq 1\times10^{4}$
Tl-204	$\geq 2\times10^{16}$	$\geq 2\times10^{14}$	$\geq 2\times10^{13}$	$\geq 2\times10^{11}$	$\geq 1\times10^{4}$
Tm-170	$\geq 2\times10^{16}$	$\geq 2\times10^{14}$	$\geq 2\times10^{13}$	$\geq 2\times10^{11}$	$\geq 1\times10^{6}$
Y-90	$\geq 5\times10^{15}$	$\geq 5\times10^{13}$	$\geq 5\times10^{12}$	$\geq 5\times10^{10}$	$\geq 1\times10^{5}$
Y-91	$\geq 8\times10^{15}$	$\geq 8\times10^{13}$	$\geq 8\times10^{12}$	$\geq 8\times10^{10}$	$\geq 1\times10^{6}$
Yb-169	$\geq 3\times10^{14}$	$\geq 3\times10^{12}$	$\geq 3\times10^{11}$	$\geq 3\times10^{9}$	$\geq 1\times10^{7}$
Zn-65	$\geq 1\times10^{14}$	$\geq 1\times10^{12}$	$\geq 1\times10^{11}$	$\geq 1\times10^{9}$	$\geq 1\times10^{6}$
Zr-95	$\geq 4\times10^{13}$	$\geq 4\times10^{11}$	$\geq 4\times10^{10}$	$\geq 4\times10^{8}$	$\geq 1\times10^{6}$

注：① Am-241 用于固定式烟雾报警器时的豁免值为 1×10^{5} 贝可。

② 核素份额不明的混合源，按其危险度最大的核素分类，其总活度视为该核素的活度。

三、非密封源分类

上述放射源分类原则对非密封源适用。

非密封源工作场所按放射性核素日等效最大操作量分为甲、乙、丙三级，具体分级标准见《电离辐射防护与辐射源安全标准》（GB 18871—2002）。

甲级非密封源工作场所的安全管理参照 I 类放射源。

乙级和丙级非密封源工作场所的安全管理参照 II 、III类放射源。

附录 4

射线装置分类办法

根据《放射性同位素与射线装置安全和防护条例》（国务院令第 449 号）规定，制定本射线装置分类办法。

一、射线装置分类原则

根据射线装置对人体健康和环境的潜在危害程度，从高到低将射线装置分为Ⅰ类、Ⅱ类、Ⅲ类。

（一）Ⅰ类为高危险射线装置，事故时可以使短时间受照射人员产生严重放射损伤，甚至死亡，或对环境可能造成严重影响；

（二）Ⅱ类为中危险射线装置，事故时可以使受照人员产生较严重放射损伤，大剂量照射甚至导致死亡；

（三）Ⅲ类为低危险射线装置，事故时一般不会造成受照人员的放射损伤。

二、射线装置分类表

常用的射线装置按附表 4-1 进行分类。

附表 4-1 射线装置分类表

<table>
<tr><th>装置类别</th><th>医用射线装置</th><th>非医用射线装置</th></tr>
<tr><td rowspan="2">Ⅰ射线装置</td><td rowspan="2">能量大于 100 兆电子伏的医用加速器</td><td>生产放射性同位素的加速器（不含制备 PET 用放射性药物的加速器）</td></tr>
<tr><td>能量大于 100 兆电子伏的加速器</td></tr>
<tr><td rowspan="9">Ⅱ类射线装置</td><td>放射治疗用 X 射线、电子束加速器</td><td>工业探伤加速器</td></tr>
<tr><td rowspan="3">制备正电子发射计算机断层显像装置（PET）用放射性药物的加速器</td><td>安全检查用加速器</td></tr>
<tr><td>辐照装置用加速器</td></tr>
<tr><td>其他非医用加速器</td></tr>
<tr><td>其他医用加速器</td><td>中子发生器</td></tr>
<tr><td>X 射线深部治疗机</td><td>工业用 X 射线 CT 机</td></tr>
<tr><td>数字减影血管造影装置</td><td>X 射线探伤机</td></tr>
<tr style="display:none"></tr>
<tr style="display:none"></tr>
<tr><td rowspan="7">Ⅲ类射线装置</td><td>医用 X 射线 CT 机</td><td>X 射线行李包检查装置</td></tr>
<tr><td>放射诊断用普通 X 射线机</td><td>X 射线衍射仪</td></tr>
<tr><td>X 射线摄影装置</td><td>兽医用 X 射线机</td></tr>
<tr><td>牙科 X 射线机</td><td></td></tr>
<tr><td>乳腺 X 射线机</td><td></td></tr>
<tr><td>放射治疗模拟定位机</td><td></td></tr>
<tr><td colspan="2">其他高于豁免水平的 X 射线机</td></tr>
</table>

附录 5

常用放射性核素衰变数据表

核素	半衰期	衰变类型及其分支比（%）	主要粒子能量与强度 keV（%）	主要光子能量与强度 keV（%）
^{3}H	12.33 a	β-（100）	18.586 6（100）	
^{14}C	5730 a	β-（100）	156.467（100）	
^{18}F	109.77 m	EC（3.27）β+（96.73）	633.5（96.73）	511（193.46）
^{22}Na	2.601 9 a	EC（10.1）β+（89.9）	545.4（89.84） 1 820.0（0.056）	511（179.79） 1 274.53（99.944）
^{32}P	14.262 d	β-（100）	1 710.3（100.0）	
^{46}Sc	83.79 d	β-（100）	356.6（99.996 4） 1 477.2（0.003 6）	889.277（99.984） 545（99.987）
^{54}Mn	312.11 d	EC（100）β+（3×10^{-7}）	355.1（3×10^{-7}）	834.848（99.98）
^{55}Fe	2.73 a	EC（100）		XKβ：6.49（3.29） XKα_1：5.898 75（16.28） XKα_2：5.887 65（8.24）
^{57}Co	271.74 d	EC（100）		14.491（9.16） 122.060 65（85.6） 136.473 6（10.68） 692（0.16）
^{60}Co	5.271 a	β-（100）	317.87（99.925） 664.81（0.011） 1 491.11（0.057）	1 173.228（99.25） 1 332.492（99.982 6）
^{63}Ni	100.1 a	β-（100）	66.945（100.0）	
^{65}Zn	244.26 d	EC（98.5） β+（1.5）	328.8（1.403）	511（2.81） 1 115.46（50.6）
^{85}Kr	10.71 a	β-（100）	173.4（0.434） 687.4（99.563）	513.997（0.434）
^{88}Y	106.6 d	EC（99.8） β+（0.2）	764（~0.2）	511（0.42） 898.036（93.9） 836.52（99.32） 734.0（0.71） XK（0.014~0.016）（60.7）
^{90}Sr	28.79 a	β-（100）	546（100.0）	1
^{99}Mo	65.94 h	β-	436.6（16.4） 848.1（1.14） 1 214.5（82.4）	140.511（89.6） 181.068（6.01） 739.5（12.12） 777.92（4.26）
$^{99}Tc^{m}$	6.01 h	1T（100）		140.511（89.06） 142.63（0.018 7）

核素	半衰期	衰变类型及其分支比（%）	主要粒子能量与强度 keV（%）	主要光子能量与强度 keV（%）
^{103}Pd	16.991 d	EC（100）		39.748 （0.068 3） 357.45（0.022 1） XKα_1：20.216 （41.93）
^{109}Cd	461.4 d	EC（100）		88.033 6（3.7） XL：2.98（11.2） XKβ：24.9（17.8） XKα_1：22.162 9（55.16） XKα_2：21.990 3（29.13）
^{111}In	2.804 7 d	EC（100）		171.28（90.2） 245.4（94.0）
^{125}I	59.400 d	EC（100）		35.492 2（6.68） xL：3.77（15.5） xkβ：31.0（25.9） xkα_1：27.472 3（74.5） xkα_2：27.201 7（39.9）
^{129}I	1.57× 10^7 a	β-（100）	154（ 100.0）	39.578 （7.51） xkα_2：29.458 （19.9）
^{131}I	8.020 70 d	β-（100）	247.9（2.12） 333.8（7.27） 606.3（89.9）	80.185 （2.62） 284.305 （6.14） 364.489 （81.7） 636.989 （7.17） 722.911 （1.77）
^{131}Ba	11.5 d	EC（100）		216.078 （19.66） 373.246 （14.04） 496.326（46.8）
^{133}Ba	10.544 a	EC（100）		80.997 1（34.1） 302.851 （18.33） 356.013 4（62.05）
^{137}Cs	30.07 a	β-（100）	513.97（94.4） 1 175.63（5.6）	661.657 （85.1）
^{147}Pm	2.623 4 a	β-（100）	224.6（99.994 ）	121.28（0.002 85）
^{152}Eu	13.516 a	EC（72.086 ） β+（0.014 ） β-（27.9）	730.5（0.011 ） 384.8（2.427 ） 695.6（13.779 ） 1 474.5（8.1）	121.181 7（28.58） 344.278 5（26.5） 778.90（12.94） 964.079 （14.6） 1 112.069 （13.64） 1 408.006 （21.0）
^{153}Sm	46.284 h	β-（100）	635.3（32.2） 705.0（49.6） 808.2（17.5）	69.673 （4.85） 103.180 （29.8）
^{153}Gd	240.4 d	EC（100）		69.673 2.42 97.431 （29.0） 103.180（21.1）

核素	半衰期	衰变类型及其分支比（%）	主要粒子能量与强度 keV（%）	主要光子能量与强度 keV（%）
^{154}Eu	8.592 a	β-（99.98）	248.8（28.6） 570.9（36.3） 840.6（16.8） 1 845.3（10.0）	123.071（40.6） 723.305（20.11） 873.19（12.2） 996.262（10.53） 1 004.728（17.1） 1 274.436（35.0）
^{170}Tm	128.6 d	EC（0.13） β-（99.87）	883.7（18.3） 968.0（81.6）	84.254 74（2.48） XL：7.42（3.1）
^{188}Re	17.005 h	β-（100）	1 487.4（1.65） 1 965.4（25.6） 2 210.4（71.1）	155.04（15.1） 477.99（1.02） 632.983（1.27）
^{192}Ir	73.827 d	EC（4.87）·β-（95.13）	258.7（5.6） 538.8（41.43） 675.1（48.0）	295.956 4（28.72） 308.455 08（29.68） 316.506 16（82.71） 468.068 8（47.81） 604.411 01（8.2）
^{198}Au	2.695 17 d	β-（100）	284.7（0.985） 960.6（98.99）	411.802 3（95.58）
^{201}Tl	72.912 h	EC（100）		135.34（2.565） 167.43（10.0）
^{210}Po	138.376 d	α（100）	5304（100）	803.1（0.001 21）
^{238}Pu	87.7 a	α（100）	5456（28.98） 5 499.037（71.6）	43.498（0.039 5） 99.853（0.007 35） XL：13.6（11.7）
^{239}Pu	24110 a	α（100）	5105（11.5） 5 144.3（15.1） 5 156.59（73.3）	12.965（0.018 4） 38.661（0.010 5） 51.624（0.027 1） XL：13.6（4.9）
^{241}Am	432.2 a	α（100）	5388（1.6） 5 442.90（13.0） 5 485.60（84.5）	26.344 8（2.4） 59.541 2（35.9） XL：13.9（42）
^{252}Cf	2.645 a	α（96.91） SF（3.09）	6 075.64（15.2） 6 118.210（81.6）	43.4（0.011 48） 100.2（0.013） XL：15.0（7.1）
^{133}Xe	5.29 d	β-（100）	364（99.3） 266（0.66） 430（0.008）	310 X 796（1.6×10^{-2}） 810（9.8×10^{-1}） 160.7（1.7×10^{-3}）